Der Wald *für* unsere Enkel

Mehr über unsere Autor:innen und Bücher:
www.westendverlag.de

Die Deutsche Nationalbibliothek verzeichnet diese Publikation in der Deutschen Nationalbibliografie; detaillierte bibliografische Daten sind im Internet über http://dnb.d-nb.de abrufbar.

MIX
Papier aus verantwortungsvollen Quellen
FSC® C004592
FSC
www.fsc.org

ISBN: 978-3-86489-376-6

Umschlaggestaltung: Buchgut, Berlin
Konzept & Gestaltung: Pia Vogel, Sugenheim
Fotos: Pia Vogel, soweit nicht anders gekennzeichnet.
Druck und Bindung: Firmengruppe APPL, aprinta druck GmbH, Wemding
Printed in Germany

Ferdinand
Fürst zu Castell-Castell

Otto
Fürst zu Castell-Rüdenhausen

Der Wald *für* unsere Enkel

Natur gestalten – Zukunft erhalten

Ferdinand Fürst zu Castell-Castell (links) und Otto Fürst zu Castell-Rüdenhausen.

Wir sind keine Förster.
Wir sind Waldbesitzer.
Wir sind Väter.

Vor dreißig Jahren begann der Umbau unserer Wälder. In dieser Zeit, die für einen Menschen lang, für den Wald aber kurz ist, hat sich unsere Fürstlich Castell'sche Forstabteilung von einem traditionellen zu einem zukunftsfähigen Betrieb entwickelt. Das freut uns. Das lässt uns hoffen. Davon wollen wir in diesem Buch berichten.

Für unsere Kinder und Enkel führen wir fort, was unsere Väter Albrecht Fürst zu Castell-Castell (1925–2016) und Johann-Friedrich Fürst zu Castell-Rüdenhausen (1948–2014) auf Initiative unseres damaligen Forstbetriebsleiters Ludwig Neeb (1952–2017) begonnen haben. Ihnen widmen wir dieses Buch – mit Dankbarkeit und in Anerkennung ihrer weitsichtigen Initiative zum Beginn des Waldumbaus gegen viele Widerstände.

Ferdinand Fürst zu Castell-Castell,

Otto Fürst zu Castell-Rüdenhausen

VORWORT

Castell – ein Ort, eine Familie, ein Unternehmen

Unsere Familie geht zurück auf „Rubbrath", der 1057 erstmals urkundlich erwähnt wurde und sich später „de Castello" nannte. Vor gut zweihundert Jahren teilten unsere Vorfahren den Familienbesitz in die zwei Linien Castell-Castell und Castell-Rüdenhausen auf. Man traf dabei auch die Vereinbarung, beide parallel fortzuführen, das jeweilige Erbe dagegen ungeteilt in den Linien zu belassen. Das heißt: Unser Unternehmen gibt es noch heute ungeteilt, dank vieler Familienmitglieder in jeder Generation, die auf ihren Anteil am Erbe verzichtet haben. Wäre der Nachlass in sogenannter *Realteilung* aufgeteilt worden, wie in vielen bäuerlichen Familien unserer Region üblich, hätten wir heute kein lebensfähiges Unternehmen mehr.

Aktuell führen wir beide die traditionsreichen Familienunternehmen weiter und bewirtschaften: Wald auf circa 4.500 Hektar; vierhundert Hektar Ackerbau auf Feldern um unsere Wohnsitze Castell und Rüdenhausen herum; unser Weingut, das Fürstlich Castell'sche Domänenamt, mit etwa siebzig Hektar Rebfläche und der traditionellen Hauptrebsorte Silvaner, rund um Castell gelegen; die Fürstlich Castell'sche Bank, die 1774 gegründet wurde. Sie ist eine der wenigen noch existierenden, unabhängigen Privatbanken und bereitet sich auf ihr 250-jähriges Jubiläum vor. Das Bankjubiläum ist für uns Ansporn, als „Traditionelles Start-up" die Tradition und persönliche Ansprache unseres Hauses mit einem modernen Ansatz im digitalen Zeitalter zu verbinden.

Bank, Wein, Wald, Landwirtschaft – auf den ersten Blick sehr unterschiedliche Geschäftsbereiche. Gemeinsam ist ihnen, dass sie zu traditionsreichen Branchen zählen, deren weltweite Rahmenbedingungen sich momentan dramatisch verändern. Die Globalisierung des Handels, die Klimaveränderung, die Digitalisierung sind Einflüsse, die in allen unseren Betrieben eine bestimmende Rolle spielen.

Eine weitere Gemeinsamkeit ist die Größe unserer Unternehmen. Im jeweiligen Branchenvergleich sind sie sehr klein. Wir besitzen zwar für deutsche Verhältnisse einen Forstbetrieb von respektabler Größe, aber im weltweiten Wettbewerb sind wir winzig. Unsere Kunden sind große und mittelständische Sägewerke, aber auch internationale Holzkonzerne. Die regionalen Kunden sind uns wegen ihrer Verlässlichkeit und Partnerschaft sehr wichtig.

Ein Unternehmen kann nur profitabel sein, wenn es entweder kostengünstiger produziert als andere, oder seine Produkte teurer verkauft. Aufgrund unserer Betriebsgrößen können wir keine Kostenführer sein, uns also nicht über den Preis behaupten. Wirtschaftlich aussichtsreich erscheint nur, uns durch Qualität und Spezialität am oberen Ende des Marktes zu positionieren. Wir können und wollen in keinem unserer Betriebe der billigste Anbieter sein. Angebote, die allein über den Preis zu verkaufen sind, kommen für uns nicht infrage. Unser Ziel ist es, die besten Silvaner Weine, feine Holzspezialitäten – hier vor allem Laubholz –, und qualitativ hochwertiges Getreide anzubieten. Auf unsere Bank übertragen stehen wir für individuelle, fachlich hochkompetente und nachhaltige Dienstleistungen. Das Vertrauen unserer Kunden ist uns Ehre und Verpflichtung.

Von Massensortimenten im Holz oder Brennholz als Haupteinnahmequelle könnten wir auf Dauer nicht leben – genauso wenig wie von billigem Wein oder kostenlosen Girokonten.

In der Forstwirtschaft berufen wir uns historisch auf die Grundlagen der *nachhaltigen Waldbewirtschaftung*, wie sie bereits vor über dreihundert Jahren von Hans Carl von Carlowitz postuliert wurden.

Nachhaltigkeit ist ein Grundgedanke, der alle unsere Unternehmen prägt, auch wenn wir den inzwischen überstrapazierten Begriff selten aussprechen. Nachhaltigkeit ist nicht etwas, was wir auf unsere Etiketten schreiben, sondern die Grundregel unseres Handelns und Wirtschaftens.

Gut zu wissen …

Realteilung

In einer Linie von Aachen über Köln, Siegen, dann über Mergentheim bis Konstanz, zusätzlich in großen Teilen von Franken und Thüringen, herrschte Realteilung vor. Im Erbfall wurde der landwirtschaftliche Besitz jeweils gleichmäßig an alle Kinder vererbt. Dadurch entstand eine besonders große kleinbäuerliche Schicht, die sich nur durch zusätzlichen Handwerkserwerb am Leben erhalten konnte.

Nachhaltige Waldbewirtschaftung

Das erste umfassende deutsche Werk zur Forstwirtschaft, welches den Nachhaltigkeitsgedanken konkret aufgenommen hat, verfasste Hans Carl von Carlowitz (1654–1714) mit seiner „Sylvicultura oeconomica“ 1713. Darin steht unter anderem: „Bei der Rodung von Wäldern müsse man „bedencken […] wo ihre Nachkommen Holtz hernehmen sollen.“[1] Und: „Wenn die Holtz- und Waldung ruinirt / so bleiben auch die Einkünffte auff unendliche Jahre hinaus zurücke / und das Cammer-Wesen wird dadurch gäntzlich erschöpffet / daß also unter gleichen scheinbaren Profit ein unersetzlicher Schade liegt.“[2] Von Carlowitz postuliert also für die Waldbewirtschaftung, ein konsequentes Aufforsten, „daß es eine continuirliche beständige und nachhaltende Nutzung gebe“[3], die als „nachhaltige Forstwirtschaft“ zu einem Fachterminus wurde. Es sollte nur so viel Wald geschlagen werden, wie wieder nachwächst.

ESG-Standards

ESG ist die englische Abkürzung für „Environmental, Social and Governance“ und steht für Umwelt, Soziales und gute Unternehmensführung. Der Begriff ESG-Kriterien hat sich für nachhaltige Produkte in der Finanzbranche etabliert.

Wir behandeln unseren Wald, unsere Felder und unsere Weinberge so, dass die Böden auch für zukünftige Generationen lebendig und fruchtbar bleiben. Nachhaltigkeit ist auch in der Bank die Richtschnur. Einerseits für die Strategie der Unternehmensführung, andererseits natürlich auch bei der Auswahl von Wertpapieren, die wir unseren Kunden empfehlen. Auch unsere Vermögensverwaltung verfolgt einen eigens entwickelten verantwortungsvollen und nachhaltigen Investmentansatz. Dieser berücksichtigt anerkannte *ESG-Standards* und investiert in nachhaltige Geschäftsmodelle.

Für unsere Art zu Wirtschaften und für unsere Produkte gilt der Nachhaltigkeitsaspekt. Das ist auch so beim Umgang mit unseren Kunden. Wir wollen so agieren, dass auch zukünftige Generationen gerne mit uns Geschäfte machen wollen.

Wenn es in den vergangenen Generationen unserer Familie auch immer wieder unterschiedliche Sichtweisen gab, sind wir froh, heute in allen wichtigen Fragen einig zu sein, besonders bei dem unternehmerischen Blick auf die Zukunft. Hinter dem Namen Fürstlich Castell'sche Forstabteilung verbergen sich zwei Forstbetriebe: Castell-Castell und Castell-Rüdenhausen. Sie werden mit gemeinsamem Personal nach den gleichen Grundsätzen betrieben.

Wir können heute nur haushalten, weil die vorausgegangenen Generationen sorgfältig und behutsam mit unseren Lebensgrundlagen umgegangen sind. Dementsprechend liegt es jetzt an uns, mit Wald, Wein, Landwirtschaft und der Bank ebenso sorgfältig und behutsam umzugehen. Auch wir wollen die Betriebe eines Tages als bestmögliche Lebensgrundlagen für unsere Familie, unsere zukünftigen Mitarbeiter und Kunden hinterlassen.

Für unsere Art zu wirtschaften
und für unsere Produkte
ist Nachhaltigkeit der Kern.

Ehrlich, respektvoll, zukunftsgerichtet Werte schaffen

Viele Werte dienen uns als Richtschur für die Zusammenarbeit und zwar gleichermaßen innerhalb unserer Unternehmen wie auch bei den Geschäftsbeziehungen mit unseren Kunden und Dienstleistern.

Ehrlichkeit, Respekt, Zukunftsorientierung und Werte schaffen sind an sich für unser Haus nichts Neues. Neu daran ist, dass wir diese Werte zu einem Satz zusammengefügt haben, der für alle Betriebe – Bank, Landwirtschaft, Weingut, Wald – verpflichtend ist. Wir setzen damit den Maßstab für das eigene Verhalten und das unserer Mitarbeiter. Menschen, die überlegen, eine Stelle bei uns anzunehmen, können vorab prüfen, ob sich unsere Werte mit den jeweils eigenen decken, und wir als Arbeitgeber die richtigen sind. Umgekehrt halten wir es genauso.

Was bedeutet Ehrlichkeit im Forstbetrieb? Ehrlicherweise stellen wir fest, dass auch bei uns im Wald nicht alles richtig gemacht wurde. Das Prinzip der Nachhaltigkeit wurde teilweise zu eng auf Massennachhaltigkeit begrenzt. Das heißt, man war nur darum besorgt, dass es immer Holz im Wald gibt, und hat sich zu wenig Gedanken um die biologische Stabilität oder die Artenvielfalt gemacht. Im Übrigen, ein Forstbetrieb ist ohnehin zu großer Ehrlichkeit verdammt, arbeiten wir doch in einer „offenen" Werkstatt. Jeder Spaziergänger, jeder Berufskollege, jeder Journalist kann sich ein Bild davon machen, wie wir unseren Wald bewirtschaften.

Wem zollen wir Respekt? Für uns ist Wald ein besonders wertvoller Teil der Schöpfung, der uns anvertraut ist. Wir wirtschaften auf der Basis, die viele Generationen vor uns geschaffen haben, und respektieren dankbar deren Leistung. Gleichermaßen respektieren wir die Lebewesen im Wald – Pflanzen und Tiere. Wir gehen mit ihnen nicht leichtfertig um.

Besonderen Respekt verdienen alle Menschen, die im Wald arbeiten. Sie sind bei jedem Wetter unterwegs und müssen sich auf die vielfältigen Einflüsse von Witterung, Kundenanforderungen und rechtlichen Rahmenbedingungen einstellen. Wenn die Witterung passt, muss gepflanzt oder geerntet werden, Aufträge müssen zeitgerecht erfüllt werden, Dienstleister „just in time“ bestellt und betreut werden. Nebenher gilt es mit der ständigen technischen Weiterentwicklung Schritt zu halten. Selbst ein kleiner Betrieb wie der unsere muss sich fortwährend mit neuen Technologien auseinandersetzen, um den Anschluss an den Fortschritt und eine zukunftsfähige Betriebsoptimierung nicht zu verpassen.

In Landwirtschaft und Weinbau schaffen wir Werte, indem wir unseren Kunden hervorragende Produkte anbieten, und gleichzeitig eine fruchtbare und schöne Kulturlandschaft bewahren. In der Bank schaffen wir Werte, indem wir in Beziehungen investieren und unsere Kunden dabei unterstützen, ihre persönlichen Lebensziele zu erreichen. Wir begleiten sie dabei, ihre finanziellen Fragen zu lösen und selbst gute Entscheidungen zu treffen.

Wie kann man zukunftsgerichtet einen Wertzuwachs im Wald generieren? Dafür haben wir dieses Buch geschrieben. Zusammengefasst in einem Satz gesagt: Die gesamte Arbeit unseres Forstbetriebs ist darauf ausgerichtet, den Wald wertvoller, ertragreicher, schöner und stabiler zu gestalten, wovon künftige Mitarbeiter und Kunden ebenso profitieren werden, wie zukünftige Generationen unserer Familie und unserer Region.

Für uns ist Wald ein besonders wertvoller Teil der Schöpfung, der uns anvertraut ist.

Waldbilder

Die Liebe der Deutschen zum Wald ist legendär. Von Dichtern und Malern der Romantik verherrlicht, ist Wald für viele Menschen heute ein Ort der Erholung und Kontemplation, zum Wandern oder Fahrradfahren. Wald fördert Stimmung und Glücksempfinden. Man muss ja nicht gleich von „Waldbaden" reden.

Für uns ist Wald Wirtschaftsbetrieb und Ausflugsziel gleichermaßen. Unsere Reviere liegen verstreut in Franken zwischen Würzburg und Bamberg und eines in Thüringen. Sie werden gemeinschaftlich von der Fürstlich Castell'schen Forstabteilung bewirtschaftet.

Unsere Familien leben seit vielen Jahrhunderten vom und mit dem Wald. Wir beide sind im Wald groß geworden. Mit unseren Eltern und Geschwistern waren wir seit frühester Kindheit im Wald unterwegs, er ist uns über die Jahre ans Herz gewachsen: Geräusche, Gerüche, aber auch Stille und Einsamkeit – immer wieder gibt es im Wald Neues zu entdecken.

Das Ökosystem Wald gehört zu den Lebensgrundlagen der Menschheit. Hinreichend bekannt sind die Schutzfunktionen des Waldes, wie Natur-, Boden-, Klima- und Hochwasserschutz sowie die Förderung der Trinkwasserqualität. Er liefert den nachwachsenden Rohstoff Holz, speichert Kohlenstoff aus dem Kohlendioxid der Luft und ist Lebensraum sehr vieler Tier- und Pflanzenarten.

Durch Trockenheit, Stürme, oder eine massenhafte Vermehrung schädlicher Insekten entstehen in vielen Wäldern allerdings große Löcher. Zum Teil sind ehemals bewaldete Hänge der deutschen Mittelgebirge kahl. Die negativen Auswirkungen der Klimaerwärmung sind inzwischen auch für Laien unübersehbar. So verwundert es nicht, dass sich neben den Forst-Fachleuten auch sehr viele Waldliebhaber um ihn sorgen. Und Menschen, die sich früher nie Gedanken über den Wald

Die Buche

Die Buche (Fagus sylvatica) ist traditionell die vorherrschende Baumart in vielen Teilen Deutschlands, auch im Steigerwald. Wenn es keine Förster gäbe, wäre wohl ein großer Teil Deutschlands mit Buchen bestockt. Buchen haben einen großen Wasserumsatz und sorgen damit für ein angenehm kühles Klima in den Beständen. Dieser Wasserbedarf bereitet der Buche allerdings momentan immer mehr Probleme, da es bei uns im Sommer immer weniger regnet und die Temperaturen weiter steigen. Wir beobachten mit Sorge, dass unser traditioneller Hauptbaum in der Zukunft nicht mehr so überlebensfähig sein wird.

gemacht haben, interessieren sich gegenwärtig dafür, machen Vorschläge oder stellen Forderungen an die Bewirtschaftung. Die beunruhigenden Waldbilder, die man beim Wandern, Autofahren oder in der Presse sehen kann, wirken beängstigend. Es sind nicht nur wichtige Naturräume zerstört worden, sondern auch das Lebenswerk und wirtschaftliche Hoffnungen von Generationen von Menschen. Waldbesitzer und Förster geraten in Gefahr, zu resignieren.

Es gibt viele Ideen, den Wald zu retten. Sowohl die Kompetenz derer, die sich dazu äußern, als auch die Lösungsansätze gehen aber weit auseinander.

Unbestritten ändert sich derzeit das Klima und folglich der Wald. Es wird wärmer und wärmer, die Niederschläge konzentrieren sich auf viel weniger Tage im Jahr. Manche Baumarten bekommen Probleme, werden krank oder sterben ab, andere vertragen das sich ändernde Klima besser bzw. profitieren sogar davon. Das Ausmaß der *Kalamitäten* in den letzten Jahren war sowohl für die Umwelt als auch für die Wald- und Holzwirtschaft ein Desaster. Es gibt Waldbesitzer und Förster, die nicht mehr in ihren Wald investieren wollen, weil sie den Mut verloren haben und weil sie die Frucht jahrzehntelanger Arbeit sterben sehen.

Gut zu wissen … Kalamität

In der Forstwirtschaft großflächige Schäden meist infolge höherer Gewalt oder auch vorangegangener Misswirtschaft. Zum Beispiel mit Windwurf und Windbruch durch Sturm, große Trockenheit, eine starke Vermehrung der Schädlinge und den einhergehenden Insektenfraß.

Wir beobachten dieselben Phänomene, aber wir verlieren weder Mut noch Hoffnung. Wir sehen konkrete Möglichkeiten, den Wald auf die zukünftigen Rahmenbedingungen auszurichten. Wir schreiben dieses Buch für Menschen, die die Bedeutung des Waldes erkannt haben, um ihnen Mut zu machen und von unseren Lösungsansätzen zu erzählen. Dieses Buch richtet sich an all diejenigen, die sich für Wald interessieren. Es richtet sich an Waldbesitzer, aber auch an Jäger, die eine Schlüsselrolle beim Waldumbau spielen können. Es richtet sich an Menschen, die in Gemeinderäten oder Parlamenten Verantwortung für staatlichen und kommunalen Wald tragen, und nicht zuletzt an alle Steuerzahler, die darüber nachdenken, wie der Staatswald zukünftig behandelt werden und was mit den Fördermitteln passieren soll.

Wir wollen nicht belehren. Wir fordern nicht, dass andere Personen dieselben Schlüsse ziehen wie wir. Wir wollen mit dem vorliegenden Buch einen Beitrag zur Diskussion um die Zukunft des Waldes leisten, weil wir davon überzeugt sind, dass durch ein entschlossenes, aktives Handeln und solides Handwerk die anstehenden Probleme des Waldes lösbar sind. Wir können nur über unsere eigenen Wälder berichten, mit unserer Geschichte, unserem regionalen Klima und unserer Geologie. Aber wir denken, dass viele unserer Ideen und Maßnahmen beim Waldumbau auf andere Regionen übertragbar sind. Nicht eins zu eins, dafür spielen nicht nur ökologische, sondern gerade auch ökonomische Faktoren eine ausschlaggebende Rolle.

Wir bewirtschaften zwei Forstbetriebe, die von unseren Vorfahren und von vielen Generationen von Förstern gepflegt wurden. Dabei ist viel Gutes geschaffen worden, auf das wir aufbauen können. Es wurden in der Vergangenheit aber auch Fehler gemacht, die wir heute korrigieren. Außerdem gibt es klimatische Herausforderungen, die frühere Generationen nicht kannten und denen wir uns erstmals stellen müssen. Es ist die Aufgabe unserer Generation, jetzt die Weichen für die Zukunft richtig zu stellen.

Wir haben ein paar Jahre früher als andere Betriebe angefangen, uns auf die veränderten Gegebenheiten einzustellen. Uns ist bewusst, dass wir dadurch heute in einer „privilegierten" Situation sind. Im Verhältnis zu anderen Regionen wurde unser Baumbestand in den letzten Jahren durch die Folgen der Witterungsextreme viel weniger in Mitleidenschaft gezogen. Bei uns wütete zwar auch der Borkenkäfer in den Fichtenbeständen, da wir aber nur noch kleinere Fichtenflächen als Reinbestand besitzen, sind unsere Schadflächen nicht zusammenhängend und von der Ausdehnung her kein Vergleich zu den Kahlflächen in anderen Landesteilen.

Hatten wir nur „Glück", oder verdanken wir den geringeren Schaden der Weitsicht und der Vorsorge unserer Väter?

Unsere Familien hatten zu jeder Zeit ihre besonderen Herausforderungen: Wechselnde Märkte, ungünstige Witterungsbedingungen und andere Probleme traten beinahe in jeder Generation auf. Probleme, die erst in unserer Generation allgemein bekannt wurden, sind die Klimaveränderung und das massenhafte Aussterben von Tier- und Pflanzenarten, die Biodiversitätskrise. Manchen lässt das an der zukünftigen Bewohnbarkeit des Planeten zweifeln. Die Klimakrise wurde zwar schon seit den 1970er Jahren von sehr vielen Experten vorhergesagt, beispielsweise vom Club of Rome [4] und der Ersten Weltklimakonferenz 1979[5], aber von Politik und Gesellschaft nur halbherzig oder gar nicht geglaubt.

Es liegt an uns, den Wald dennoch als Lebensgrundlage zu erhalten, für unsere eigenen Nachkommen, aber auch zukünftige Generationen unserer Region. Direkt soll unsere Familie auch in Zukunft im Wald wirtschaften und jagen können. Für die gesamte Region soll unser Wald auch weiterhin zu sauberem Wasser, gesunder Luft und einem angenehmen Klima beitragen. Spaziergänger sollen sich auch später noch an unserem schönen, gesunden Wald erfreuen können. Für die Gesellschaft wollen wir den regionalen, nachwachsenden, vielfältigen Rohstoff Holz bereitstellen.

Oben: Abholzung nach Borkenkäferkalamität.
Unten: Windbruch im flachwurzelnden Fichtenbestand.

Wir haben Erfahrungen gesammelt, Fehler gemacht, Ergebnisse bestaunt, Haare gerauft, ausgiebig diskutiert, mit uns gekämpft, Konsequenzen gezogen, auch wenn manche weh taten. Der Wald dankt es uns schon heute mit Stabilität und Schönheit. Viele Menschen kommen zu Besuch, um unseren Forstbetrieb kennenzulernen und die sichtbaren Fortschritte beim Umbau des Waldes zu studieren. Jeden, dem der Wald am Herzen liegt, heißen wir herzlich willkommen!

Wir sind in der glücklichen Lage, dass wir selbst uns mit unseren Förstern, unseren Waldarbeitern und Dienstleistern darüber einig sind, wie wir uns den Wald für unsere Enkel vorstellen, aber auch, wie wir diese Zielsetzung erreichen können. Wir ziehen gemeinsam an einem Strang, sind aber noch lange nicht am Ende unserer Erkenntnisse und unserer Arbeit angelangt. Wir müssen die weitere Entwicklung unserer Wälder sehr genau beobachten, vielleicht die eine oder andere Stellschraube justieren. Wir müssen Entscheidungen für morgen und übermorgen mit dem Wissensstand von heute treffen.

Aber die Bilder, die unsere Wälder derzeit abgeben – unsere aktuellen Waldbilder –, beweisen, dass wir etwas richtig machen. Ihnen haben wir es zu verdanken, dass wir in der schlimmsten Waldkrise seit zweihundert Jahren mit großer Zuversicht, Hoffnung und viel Freude wirtschaften.

Hatten wir nur „Glück", oder verdanken wir den geringeren Schaden der Weitsicht und der Vorsorge unserer Väter?

Jeder von uns kann mithelfen, mit dem kostbaren Erbe der Väter verantwortungsvoll umzugehen und vielleicht mit einer erneuerten Einstellung zur forstlichen Wirtschaftskraft und Schönheit beitragen.

Albrecht Fürst zu Castell-Castell, 2007

Ich werde immer wieder gefragt, warum ich mein Geld in Wald investiere und nicht in höher verzinsliche Werte. Ich verstehe diese Frage sehr gut. Meine Antwort ist eindeutig und lautet immer: dass ich mit Wald groß geworden bin – dass ich Wald liebe und dass ich auch in der Zukunft an den Wald glaube.

Johann-Friedrich
Fürst zu Castell-Rüdenhausen, 2005

Nach unserer Meinung haben wir mit einem artenreichen und wärmeliebenden Laubholzbestand, zusammen mit angepassten Wildbeständen, eine Chance, dem Klimawechsel standzuhalten.

Ludwig Neeb, 2001

DER WALD

Die Wildkirsche

Die Wildkirsche (Prunus avium) ist eine Spezialität, die bisher in geringer Stückzahl in unserem Wald vorkommt. Für uns gehören Kirschbäume zu einem gemischten Wald dazu. Sie zählen zu den ersten Frühlingsboten und blühen, bevor die meisten Bäume ihr Laub tragen. Bei uns findet man viele Kirschen entlang der Forststraßen, damit sich auch der Waldbesucher an ihrem Anblick freuen kann. Schon von weitem kann man die weißen Kirschblüten leuchten sehen. Die Kirsche verträgt Trockenheit, mag Wärme und wird in der Zukunft in Franken eine größere Rolle spielen.

Projekt Zukunft: Unser Traumwald

Denken wir an den Wald der Zukunft, träumen wir von reichlich standortheimischen- und klimagerechten Baumarten, alle in unterschiedlichen Generationen. Da wachsen Eiche, Buche, Ulme, Linde, Tanne, Fichte, Kiefer, Elsbeere, Speierling, Kirsche und viele andere der seit Jahrtausenden hier ansässigen Arten. Da stehen kleine Bäume, die vielleicht gerade erst gekeimt haben, neben mittelalten Bäumen bis hin zu alten, erntereifen Bäumen. Da stehen trockenresistente Baumarten, zum Beispiel verschiedene Nussarten, Kastanien oder Wildobstsorten. Ein bunt gemischter *Generationenwald* ist wie ein gut sortiertes Warenlager. Wir können auf den Markt reagieren und das ernten, was gerade angesagt und entsprechend hochpreisig ist. Gleichzeitig steht ausreichend Nachwuchs bereit.

Unser Traumwald besteht nicht nur aus Bäumen, sondern ist Heimat für viele Tier- und Pflanzenarten. Rehwild, Wildschwein, Damwild über Fuchs, Wildkatzen, und vielleicht Luchs, bis hin zu Eichhörnchen, Fledermäusen, Vögeln, Insekten und Spinnen aller Art sind bei uns heimisch. Die hohe Mischung von Pflanzen- und Tierarten gestaltet unseren Wald zu einem Ort, in dem man gerne arbeitet, jagt und spazieren geht.

Unser Traumwald ist stabil, wertvoll, ertragreich und schön. Stabil, weil sich ein gesunder Mischwald den sich ändernden Klimabedingungen besser anpassen kann; weil eine gesunde Diversität an Bäumen das Risiko von Krankheiten und Schädlingen minimiert und deren Ausbreitung erschwert. Stabil, weil ihm die veränderten Klimabedingungen nichts mehr anhaben können.

Wertvoll, weil nach jedem Einschlag immer noch genug Vorrat an *Wertholz* stehen bleibt, weil ein gesunder Mischwald zukünftigen Generationen als gewinnbringende Grundlage für ihr Wirtschaften dient und zu einer Kapitalsteigerung beiträgt.

Gut zu wissen ...

Generationenwald

Alle Altersstufen der vorhandenen Baumarten sind in einem Wald vertreten: Kultur, Jungwuchs, Jungbestand, Stangenholz, schwaches Baumholz, mittleres Baumholz und starkes Baumholz

Wertholz

Die Rahmenvereinbarung für den Rohholzhandel in Deutschland (RVR) beschreibt Wertholz als Handelsklasse A: „Stammholz von ausgezeichneter Qualität. Es ist fehlerfrei oder weist nur unbedeutende Qualitätsmerkmale auf, die seine Verwendung kaum beeinträchtigen.“ Die schönsten Stämme werden Furnierholz. Es wird meist auf Wertholzsubmissionen angeboten, bei denen besonders auserlesenes Rohholz an den Meistbietenden veräußert wird.[6]

Ertragreich, weil Schutzvorrichtungen wie teure Zäune nicht mehr gebraucht werden; weil unsere Zielbaumarten wachsen, sich selbst vermehren, kostenintensive Pflanzungen unnötig sind, Pflanzen nur noch ergänzend beigemischt werden, weil mit wertvollem Holz eine gute Rendite zu erreichen ist. Ertragreich, damit wir eigenes, hochqualifiziertes Personal bezahlen können.

Schön, weil der Wald vielfältig und bunt unsere Landschaft prägt; weil er der Region unserer Familie und den nächsten Generationen erhalten bleibt.

Unser Traumwald soll Wirklichkeit werden.

Denk ich an den Wald in der Nacht,
Dann bin ich um den Schlaf gebracht,
Ich kann nicht mehr die Augen schließen,
Und meine heißen Tränen fließen.

Der Wald hat ewigen Bestand,
Er wird ein kerngesunder werden,
Mit seinen Eichen, seinen Linden,
Werd' ich ihn immer wiederfinden.

frei nach Heinrich Heine

Ausflug: Die Grafen von Faber-Castell

Immer wieder werden wir bei Begegnungen auf den weltbekannten Stifte-Hersteller „Faber-Castell" angesprochen. Und tatsächlich gibt es eine Verbindung zwischen unseren Familien. Diese sei hier kurz erklärt.

Weltweit bekannt ist der Name Faber-Castell als Garant für holzgefasste Stifte und hochwertige Schreibgeräte. Gegründet 1761 von dem Schreiner Kaspar Faber zählt das Industrieunternehmen zu den ältesten der Welt. Unter dem Namen A.W. Faber führte der 1862 geadelte Freiherr Lothar von Faber (1817–1896) in der vierten Generation das Familienunternehmen zur weltweit agierenden Firma und zu bisher unerreichtem Erfolg. Von ihm stammen die Werte, die bis heute Gültigkeit besitzen und in der Firmentradition verankert sind: Qualität, Kompetenz, Kreativität und soziale Verantwortung.

Der geschäftliche Erfolg wurde durch Schicksalsschläge getrübt. Seine beiden Enkelsöhne verstarben im Kindesalter. Von diesem Leid erholte sich ihr Vater, einziges Kind von Lothar und designierter Nachfolger, Freiherr Wilhelm von Faber, nie ganz. Er starb überraschend mit 42 Jahren an Herzversagen. Zurück blieb Lothar von Faber ohne männlichen Erben, aber mit drei Enkelinnen. Die älteste, Freiin Ottilie, wurde von ihm als Erbin bestimmt und man setzte alle Hoffnung auf einen tüchtigen Schwiegersohn von adeliger Herkunft.

Ab da kommen wir ins Spiel. Es war das Jahr 1898, als sich Graf Alexander zu Castell-Rüdenhausen (1866–1928), vierter Sohn des späteren Fürsten Wolfgang zu Castell-Rüdenhausen (1830–1913), mit Freiin Ottilie von Faber (1877–1944) vermählte. Aufgrund der FamilienStiftungsurkunde sollte dem Namen des Gatten der Name Faber vorangestellt werden. Dem wurde mit Genehmigung des bayerischen Königshauses stattgegeben. Es entstand das neue gräfliche Adelsgeschlecht der Faber-Castells.

1905 entwickelte Graf Alexander von Faber-Castell die bis heute berühmte „grüne" Bleistiftfamilie „Castell". Mit der einmaligen Verbindung seines Namens als Produktbezeichnung, seiner Herkunft als ritterliches Werbemotiv und seines Schlosses als goldene Vignette auf den Stiften hatte er seine Bleistifte „geadelt". Das Thema der zwei kämpfenden Ritter mit ihren Bleistiftlanzen etablierte sich als Teil des Firmenlogos der Faber-Castell AG. Dieses Marketingkonzept zeichnet ihn als klugen und anspruchsvollen Geschäftsmann aus. Heute, über hundert Jahre später, ist der dunkelgrüne Castell 9000 zum Kultwerkzeug der Kreativen geworden.

Alle drei Familienzweige sind geprägt von ähnlichen Werten und einer ähnlichen Lebenseinstellung. Gegenseitige Wertschätzung und Freundschaft bestimmen bis heute unsere familiäre Verbindung.

Gräfin Ottilie, genannt Tilly, und Graf Alexander von Faber-Castell kurz nach ihrer Hochzeit am 2. Februar 1898

Links im Bild: Charles Graf von Faber-Castell, ein Urenkel von Graf Alexander

Der berühmte grüne Castell 9000 Bleistift im heutigen Gewand und als „Perfekter Bleistift“.

Gut zu wissen ...

Umtriebsalter

So wird die Zeitspanne genannt, die ein Baum bis zur Hiebreife benötigt. Bei der Kiefer sind das zum Beispiel achtzig bis 140 Jahre, bei der Buche 120 bis 160 Jahre. Das natürliche Höchstalter kann deutlich höher liegen.

Wildbann

Bezeichnet ein königliches Jagdrecht im Heiligen Römischen Reich Deutscher Nation und war nicht zwingend nur auf Wald beschränkt. Die meisten Abteilungen des Casteller Wildbanns waren an ritterschaftliche Familien verliehen, während sich die Grafen Castell das Jagen in unmittelbarer Umgebung ihres Stammsitzes Castell vorbehielten.

Mittelwald

Eine historische Waldbauform mit zwei Baumschichten: dem Niederwald – kurze Umtriebszeit mit circa zwanzig Jahren, hauptsächlich für die Produktion von Brennholz; und dem Hochwald – lange Umtriebszeit mit dem Ziel, Wert- und Bauholz zu produzieren. Bis in die 1830er Jahre wurden die Castell'schen Reviere als Mittelwald bewirtschaftet.

Forsteinrichtung

Periodische forstwirtschaftliche Planung, üblicherweise alle zehn Jahre. Dazu gehören unter anderem eine Waldinventur als Zustandserfassung, die Festlegung des Hiebsatzes, also der geplanten Ernte, und der betrieblichen Ziele.

Wildverbiss

Äst das Wild Keimlinge, Knospen, Blätter oder junge Triebe, wird der entstandene Schaden Verbiss genannt. Besonders folgenschwer ist es, wenn der Leittrieb eines Baumes verletzt wird, denn dadurch wird das Höhenwachstum der Pflanze dauerhaft gehemmt.

Karl Gayer Medaille

Johann Christian Karl Gayer (1822–1907) gilt als Vordenker des naturnahen Waldbaus. Er brach seine Studien der Architektur und Mathematik aus finanziellen Gründen ab und begann 1843 seine Waldlaufbahn als Forstgehilfe, wirkte dann als einfacher Förster und Kreisforstmeister. In seinen Hauptschriften „Die Forstbenutzung" (1868) und „Der Waldbau" (1887) beschrieb er die Vorteile des gemischten, nicht gleichaltrigen Waldes. Die Universität München berief ihn 1878 zum Ordentlichen Professor für Forstliche Produktionslehre. Mit der Karl-Gayer-Medaille ehrt der Bund Naturschutz Personen, die sich in außergewöhnlicher Weise um die naturgemäße Waldwirtschaft verdient gemacht haben.

Seit Generationen für Generationen

Um dem Wald eine Zukunft zu geben, stehen wir alle gemeinsam vor der Jahrhundertaufgabe, unser waldbauliches und jagdliches Verhalten grundlegend zu überdenken und anzupassen. Um die aktuelle Situation zu verstehen, lohnt sich ein Blick in die Geschichte.

Das *Umtriebsalter* unserer Waldbäume beträgt beispielsweise bei der Fichte achtzig bis 120 Jahre, bei der Buche 120 bis 160 Jahre; den Rekord hält die Eiche mit 180 bis 300 Jahren. Wertvolles Holz zu erzielen, ist also eine Aufgabe, an der mehrere Generationen von Waldbesitzern und Förstern mitwirken müssen. Dabei ist es notwendig, langfristig zu denken und nicht auf den schnellen Gewinn zu schielen. Wir haben das bitter lernen müssen.

Gehen wir ein paar Jahrhunderte zurück. Im Fürstlich Castell'schen Archiv erzählen über tausend laufende Regalmeter, gefüllt mit Schriftverkehr, Akten, Urkunden und Karten, die Geschichte unserer Familie, unserer Region und unseres Waldes. Sie geben Zeugnis ab über einen Wald, in dem im 15. Jahrhundert Jagdrechte wesentlich höher veranschlagt waren als Holzerzeugung. Auf der Casteller *Wildbannkarte* von 1497 sind die beträchtlichen Jagdbezirke aufgezeichnet, in denen unsere Familie das Recht der Hohen Jagd besaß. Bis ins 18. Jahrhundert werden in unseren Schriftstücken Förster noch als Jäger bezeichnet. Heute steht bei uns der Wald im Vordergrund. Wir jagen nicht für Trophäen.

Kahlschlag war im vorherrschenden *Mittelwald* allgemein üblich. Um auch die Fron-Arbeiten unter der Aufsicht der „Förster" im Wald zu verbessern, erließen die Grafen Heinrich und Georg 1579 eine erste Waldordnung, die im 17. Jahrhundert noch mehrfach geändert und neu aufgelegt werden sollte. Neben der Lohnarbeit mussten auch die Fronbauern aus Castell und Umgebung in den Wald und wurden dort in jeweils drei Gruppen zum „Scheidthauen" eingeteilt. Die im Mittelwald bewirtschafteten herrschaftlichen Schläge wurden bis auf wenige Hegreiser[7] kahlgeschlagen. Und weiter: „Zum dritten sollen die Fröner das Holtz, so ihnen angewisen, nach einander hinwegkhauen, keinen Busch, aintzige Reiser oder dergleichen (ausserhalb der Hegreiser, so man inen weisen soll) steen lassen."

Bereits 1740 finden sich genaue Anweisungen über „das Hauen des Brenn- und Bauholzes, die besondere Hegung der Eichen, Eschen und Birken, das Verhalten nach ‚Windfällen', über das ‚Baum-Scheelen' und die Köhlerei"[8].

Erst ab Mitte des 19. Jahrhunderts wurde die Wende zur Hochwaldbewirtschaftung eingeleitet. Die Mittelwaldungen, überwiegend Eichenmittelwälder, wurden nach und nach kahlgeschlagen und mit schnell wachsenden Nadelholzbeständen bestückt, hauptsächlich Fichte und Kiefer. Förster waren zu dieser Zeit Verfechter des künstlichen Anbaus von Fichten und dachten, man könne den Wald in landwirtschaftlicher Manier betreiben: pflanzen, achtzig Jahre warten, ernten, erneut pflanzen. Allein von 1869 bis 1878 wurden in den Revieren über sechseinhalb Millionen Nadelholz-Pflanzen eingebracht, meist Fichten; dem gegenüber standen 800.000 Eichen. Auch unsere Familie orientierte sich an der Fichte und der Reinertragslehre[9]. Für ihren beträchtlichen Kapitaleinsatz erwarteten sie sicheren, schnellen Ertrag.

Nach zwei Weltkriegen waren die Castell'schen Reviere in keinem guten Zustand. Weder Baumarten, Bestand, noch Holzvorrat entsprachen den Erfordernissen der Nachhaltigkeit. Bis 1990 blieb die Bewirtschaftung vom Nadelholz geprägt.

Bemerkenswert ist die Eintragung im *Forsteinrichtungswerk* über den Castell'schen Wald aus dem Jahr 1953. Darin wird, nach den Trockenjahren 1947/1948, vor den Gefahren des Fichtenanbaus gewarnt. Veränderte Klimaverhältnisse, Borkenkäferbefall, Rotfäule, Sturm, ungünstige Standortsverhältnisse, zunehmende Versauerung der Böden, erhöhtes Wurfrisiko aufgrund flachwachsender Wurzeln und andere Kalamitäten waren also frühzeitig bekannt, hatten aber kaum Konsequenzen in der praktischen Bewirtschaftung.

Der Waldpflege wurde nach dem Zweiten Weltkrieg nur geringe Aufmerksamkeit entgegengebracht, das beigemischte Laubholz, in dieser Zeit wenig wertgeschätzt, wurde geschlagen. Auch die Bejagung, heute als zu zaghaft erkannt, begünstigte überhöhte Wildbestände und eine Ausbreitung der Fichte – bis hin zur Monokultur.

Der große Holzbedarf jener Zeit sollte mit Fichtenbeständen so schnell wie möglich gedeckt werden. Weiterhin vertraute man dem Nadelholz wegen seines höheren Zuwachses und seiner Robustheit bei der Kulturbegründung. Die Aussicht auf hohen und schnellen Gewinn stand im Vordergrund. Man kann Fehler machen, aber aus heutiger Sicht ist es schwer zu verstehen, dass man bis Anfang der 1990er Jahre an dem Fichtenanbau festhielt – trotz der bereits erkannten Gefahren.

Unsere Wälder wurden seit der zweiten Hälfte des 18. Jahrhunderts von ausgebildeten Förstern und seit Mitte des 19. Jahrhunderts von studierten Forstdirektoren bewirtschaftet. Erfreulicherweise gab es unter ihnen Visionäre, wie Forstverwalter Johann Lochbronner (1930–1992). Als er 1958 seine Arbeit begann, war sein vierhundert Hektar umfassendes Waldrevier Breitenlohe mit neunzig Prozent Nadelholz bestockt. „Kahlschlag hab‘ ich nie gelernt“, sagte er damals schon. Seine Vorgehensweise folgte dem damals gültigen Prinzip des Naturgemäßen Waldbaus: „Das Schlechte fällt zuerst – das Gute bleibt erhalten.“ Diese Einstellung stieß bei den Inhabern zunächst auf Skepsis, dessen ungeachtet gaben sie ihm den notwendigen, individuellen waldbaulichen Spielraum. Für den Castell'schen Waldbesitz ein Glücksfall, bedeutete er doch den Anfang einer naturnahen Bewirtschaftung, zumindest in den Revieren Breitenlohe, Urspringen und Friedrichsberg-Ost. Erstmalig ließ Johann Lochbronner neben Fichten auch standortgerechte Laubhölzer in die lichten Flächen einbringen, die allerdings wegen des nicht unerheblichen *Wildverbisses* nur in Umzäunungen wirklich gut gediehen. Für seine Verdienste um eine naturnahe, standortgemäße Waldwirtschaft erhielt er vom Bund Naturschutz 1986 die *Karl-Gayer-Medaille*[10]. Diese seit 1979 verliehene Auszeichnung ehrt besonders Forstleute, die sich um den ökologischen Waldbau verdient gemacht haben.

Sein Nachfolger im Revier war Ludwig Neeb, von Johann Lochbronner selbst vorgeschlagen. Neeb war kein studierter Forstmann. Aber er hatte das Handwerk von der Pike auf gelernt. Als 14-jähriger Bub begann er seine Karriere als Waldarbeiterlehrling im Forstamt Ebrach, in dem sein Vater Haumeister war.

Kurz bevor Ludwig Neeb seine Arbeit bei uns aufnahm, kam es zu einer Katastrophe: In der Nacht zum Aschermittwoch am 1. März 1990 fegte der Orkan „Wiebke" über Mitteleuropa und warf allein bei uns 110.000 Festmeter Holz um, das Siebenfache eines normalen Jahreseinschlags. Es folgten Borkenkäferplagen, der Holzpreis sank ins Bodenlose. Es musste etwas passieren, und zwar schnell.

Was war zu tun? „Wir dürfen nicht gegen die Natur arbeiten, sondern mit ihr", war das Credo Ludwig Neebs. Als Revierleiter in Lisberg und Breitenlohe konnte er bereits Ende der 1990er Jahre sichtbare waldbauliche Erfolge aufweisen. Die Resultate seiner naturnahen Waldbewirtschaftung sprachen für sich. Zusammen mit unseren Vätern wurde ein darauf basierendes Konzept ausgearbeitet, um den Mitarbeitern einen klaren Leitfaden für ihr Tun und Handeln im Wald vorzugeben. Es bezog gleichermaßen positive wie negative Erfahrungen aus der Vergangenheit, als auch wissenschaftliche Prognosen für die Zukunft mit ein.

Ludwig Neeb überzeugte die Inhaber davon, dass ein Waldumbau nur mit einer grundlegenden Umstellung des Bejagungskonzeptes erfolgreich sein kann. Hier war der Bruch mit der Tradition unseres Hauses am deutlichsten. Während sich früher oft der Wald der Jagd unterordnen musste, so dient heute die Jagd der Zukunft des Waldes. Aus der traditionellen Jagd mit dem Ziel starker Trophäen wurde eine Intervalljagd mit dem primären Ziel den Rehwildbestand und somit auch den Wildverbiss zu regulieren.[11] Die Entscheidung fiel nicht leicht, wurde aber schlussendlich als notwendig und richtig erachtet. Dem Aufbau eines wirtschaftlich ertragreichen, stabilen Waldes wurde der Vorzug gegeben gegenüber einer dafür ungeeigneten Jagdtradition.

2001 wurde Ludwig Neeb zum Leiter der Fürstlich Castell'schen Forstabteilung ernannt und das naturgemäße Bewirtschaftungskonzept auf die Gesamtfläche unserer Wälder übertragen. Der Bestand und das Aussehen unseres Waldes haben sich währenddessen grundlegend verändert.

Gerne teilte Ludwig Neeb seine Erfahrungen. Bei den Exkursionen der Fakultät Wald- und Forstwirtschaft der Hochschule Weihenstephan-Triesdorf [12] in „seinen" Wald, begrüßte Ludwig Neeb die Forststudenten später stets augenzwinkernd mit folgenden Worten: „Meine Damen und Herren, glauben Sie ja nicht alles, was die Professoren erzählen, denn die haben es studiert und ich hab's probiert."

2015, bei der Verabschiedung Ludwig Neebs in den Ruhestand, versprachen wir beide, dass wir „gut auf seinen Wald aufpassen" werden. Das Versprechen fiel uns leicht. Hatte Ludwig Neeb doch durch seinen enormen persönlichen Einsatz und mitreißenden Führungsstil unseren, „seinen" Wald mit behutsamer Kühnheit oder kühner Behutsamkeit in hoher Geschwindigkeit verändert. Er wollte den Wald auf die Zukunft vorbereiten. Dies in seinem Sinn fortzuführen, und uns dabei auch an neue Erkenntnisse anzupassen, das ist die Aufgabe einer neuen Förstergeneration und unsere Aufgabe in der Castell'schen Forstgeschichte.

Wir dürfen nicht gegen die Natur arbeiten, sondern mit ihr.

Oben: Kahle Schneisen durch den Wald nach Orkan Kyrill, 2007. Unten: Aufräumarbeiten
Links: Ludwig Neeb, Leiter der Fürstlich Castell'schen Forstabteilung von 2001 bis 2015.

Ludwig Neeb erzielte im Revier Lisberg erste Erfolge der naturgemäßen Waldwirtschaft mit Naturverjüngung. Unten rechts: Forststudenten sind bei uns immer willkommen.

Sichtbare Erfolge:
Dasselbe Waldstück 2009 (oben) und 2022 (unten).

Ausflug: Trümmerfrauen des Waldes

Nach dem Zweiten Weltkrieg lagen auch die deutschen Wälder überwiegend in „Trümmern". Im Potsdamer Abkommen wurden Deutschland 1945 von den drei Siegermächten Sowjetunion, USA und Großbritannien Reparationen auferlegt – in Naturalien oder auch Geld. Holz war Mangelware, besonders Großbritannien hatte während des Krieges seine Wälder übernutzt. Zehn Prozent der deutschen Waldfläche wurde durch die sogenannten „Reparationshiebe" oder „Engländerhiebe" kahlgeschlagen. Auch für den Wiederaufbau der Dörfer und Städte im zerstörten Deutschland wurde Holz gebraucht. In den Jahren 1947 und 1948 wurde der „nachhaltige" Hiebsatz um zweihundert Prozent überschritten. Zum Wiederaufbau Deutschlands zählte dann auch die Aufforstung der heruntergekommenen Wälder.

Wie viele andere Forstbetriebe auch, hatten wir eigene sogenannte Pflanzgärten im Wald zur Nachzucht der benötigten Bäume. Aufzucht, Hege und Pflanzung der Abermillionen von Setzlingen übernahmen die Trümmerfrauen des Waldes, sogenannte Kulturfrauen. Als Saisonarbeiterinnen kümmerten sie sich auch um die jungen Forstkulturen: Sie entfernten Unkraut und Gestrüpp und leisteten damit einen enormen Beitrag zum Wiederaufbau Deutschlands

Das zuständige Direktorium der Bank deutscher Länder, aus der später die Deutsche Bundesbank wurde, hatte im Nachgang der Währungsreform 1948 einen Gestaltungswettbewerb ausgeschrieben: Für die westdeutsche 50-Pfennig-Münze wurde ein Motiv gesucht, das den Wiederaufbau Deutschlands nach dem Zweiten Weltkrieg verkörpern sollte. Den Zuschlag erhielt der Bildhauer Richard Martin Werner, dessen Frau Gerda Jo für die Skulptur Modell kniete. Mit der Wahl der schlichten Abbildung einer Frau, die einen Eichensetzling pflanzt, wurde den Kulturfrauen als Dank und Anerkennung ein zahlenmäßig einzigartiges Denkmal gesetzt. [13]

Kreativität braucht Freiraum

Die grundsätzliche Erkenntnis nach dem Jahrhundertorkan Wiebke von 1990 war: Es muss sich etwas ändern! Das galt auch für uns; und die Erkenntnis führte zu verstärktem Suchen nach Alternativen zu dem traditionellen „Brotbaum" Fichte. Niemand von uns ahnte damals, dass die Lösung des Problems an manchen Stellen im eigenen Wald schon heranwuchs.

In den 1970er bis 1990er Jahren haben Siegfried Fürst zu Castell-Rüdenhausen[14] und Albrecht Fürst zu Castell-Castell zwei Bewirtschaftungsformen nebeneinander Raum gegeben. Förster mit verschiedenen waldbaulichen Vorstellungen wirtschafteten in ihren Revieren entsprechend gegensätzlich. Dem traditionellen Fichtenanbau standen die

Der Speierling

Der Speierling (Sorbus domestica) ist eine der seltensten Baumarten Europas. Im Wald tritt der Laubbaum nur als Einzelgänger auf und sein wertvolles Möbel- und Drechslerholz sind gefragt. In der weit ausladenden Krone des Speierlings finden viele Tiere Unterschlupf und Futter. Seine apfel- oder birnenförmigen Früchte sind als Zugabe für Apfelwein oder als Grundlage für Schnäpse geschätzt. Den Speierling im Casteller Schlossgarten beernten wir seit längerer Zeit nicht mehr zum Schnapsbrennen. Für unseren Wald ist die Vermehrung der Baumart viel wertvoller. Wir lassen Setzlinge nachziehen, da eine natürliche Fortpflanzung im Wald nur schwer und selten gelingt.

behutsamen Anfänge einer naturgemäßen Waldwirtschaft mit Baumartenvielfalt und natürlicher Verjüngung gegenüber. Mit beiden Konzepten wurde nicht schlecht gewirtschaftet.

Doch 1990 hat man die Sturmanfälligkeit des traditionellen Wirtschaftens schmerzlich vor Augen geführt bekommen: durch Windbruch, Verwüstung, Zerstörung, wirtschaftlichen Schaden. Auf der anderen Seite konnte man in den naturnah bewirtschafteten Teilen sehen, dass die Standfestigkeit der gemischten Kulturen höher und der Verlust niedriger war. Die Folgen waren zeitgleich präsent, ein eher seltener, aber glücklicher Fall.

Was wir damit sagen wollen: Förster haben bei uns die Möglichkeit zu experimentieren. Sie müssen es sogar, das erwarten wir von ihnen. Eine grundsätzliche Übereinstimmung mit unserer wirtschaftlichen Zielsetzung, unserem Verständnis von Ökologie, der langfristigen Ausrichtung und dem Stellenwert der Jagd ist dafür die unabdingbare Voraussetzung. Ein attraktives Konzept für Förster, die naturgemäß arbeiten möchten. Das sehen wir auch daran, dass manch einer aus dem Staatsdienst zu uns wechselt, gerade weil unsere Intention seiner beruflichen Ausrichtung entspricht.

In all unseren Betriebszweigen gibt es eine Jahresplanung, über die wir uns mit den Betriebsleitern grundsätzlich abstimmen. Risikorelevante Fragen werden erörtert, nicht weil wir es besser wüssten, sondern weil wir letztlich das Risiko tragen. Wir bestimmen den Rahmen, in dem sich unsere Förster eigenverantwortlich bewegen sollen. Dafür erwarten wir von ihnen Kreativität und Selbstreflexion. Das heißt, sie sollen ihre Arbeit immer wieder kritisch hinterfragen, die Auswirkungen beobachten und dabei strategisch denken: Was habe ich getan? War das gut oder schlecht? Kann ich den Weg weitergehen oder muss ich etwas anpassen? Unsere Förster dürfen sich dabei nicht nur auf die reine Holzproduktion konzentrieren, sondern müssen Verständnis für das ganze Ökosystem zeigen.

Ein Waldumbau verläuft nie linear. Kalamitäten, verstärkt durch den Klimawandel, können zurückwerfen oder Überzeugungen in Frage stellen. Manchmal bieten sie auch ungeplante Chancen. Ein Auftreten von nicht erwarteten Schäden an Baumarten, die wir für zukunftstauglich hielten, wirft manchen Plan über den Haufen. Unsere Förster sind aus eigenem Antrieb bereit, immer weiter zu lernen. Sie besuchen Fortbildungen, lesen Fachliteratur, tauschen sich mit Kollegen aus. Sie generalisieren nichts und handeln differenziert. Sie wachsen am und mit dem Wald.

Unsere Stärken als Forstbetrieb sind: flache Hierarchien mit zeitnahen, oftmals auch unorthodoxen Entscheidungen, ein großer Handlungsspielraum für eigenverantwortliches Handeln und persönliche Entfaltungsmöglichkeiten mit viel Platz für Vision und Kreativität.

Belohnt werden wir dafür mit engagierten Mitarbeitern. Christoph Arndt, Leiter der Fürstlich Castell'schen Forstabteilung, sagt es so: „Ich genieße es, nach fünf Jahren im Öffentlichen Dienst meinen eigenen Kopf verwenden zu dürfen, ohne mich an realitätsfernen Durchforstungskonzepten orientieren zu müssen."

Die ganze Mannschaft:
Förster, Forstwirte und Büromitarbeiter der Fürstlich Castell'schen Forstabteilung.

Ausflug: Anpacken und Hoffen

Unten, wo der Bach fließt, ist es immer feucht. Geht man den Waldweg aber den steilen Berg hinauf, erreicht man eine eher trockene Freifläche, abgeholzt wegen kaputter Fichten. Sie wird gerade mit Speierling bepflanzt. Die vereinzelt stehen gebliebenen, ungefähr zwanzig Meter hohen Lärchen, sind kein schöner Anblick.

Eine Umzäunung wurde aufgestellt, trotz Mehrkosten. Aber die Setzlinge stehen auf der Kahlfläche wie auf einem Präsentierteller, ohne eine Absperrung wird aus den Trieben sehr schnell leckeres Fressen für die Rehe. Der Boden ist dicht mit Brombeerranken überzogen. Stickel markieren jede einzelne Jungpflanze, um sie in den nächsten Jahren zur Pflege leichter wiederzufinden.

Unsere Waldarbeiter sind allesamt erfahrene Forstwirte. Manch einer ist schon seit vierzig Jahren im Betrieb. Georg Rebhan-Müller, Franz Müller, Krzysztof Podwyszynski und Dominik Kapp arbeiten tagein, tagaus im Freien, erleben den Wald hautnah. Sie wissen, wovon sie reden: „Der Chef ist ziemlich überzeugt von dem Speierling Baum als Zukunftsbaum, es gibt kein wirkliches Rezept. Die Pflanzungen, sind trotz allem, erst einmal nur Versuche, von denen wir uns am meisten versprechen“, meint Georg Rebhan-Müller. Und weiter: „Wer pflanzt, der glaubt ans Leben, nur ohne Wasser gibt es kein Leben und das Wasser fehlt, die letzten Jahre waren viel zu trocken. Es geht zu schnell – alles wird extremer ... die Trockenheit, die Hitze. Der Klimawandel ist da! Wir hätten nie erwartet, dass der Verfall so schnell geht.“

„Seit drei Jahren holen wir abgestorbene oder kranke Bäume aus dem Wald. Bäume, die wir jahrelang durchforstet und gepflegt haben. Früher hat die Arbeit viel Freude bereitet, heute ist es zum Greinen. Erst sterben die Fichten, dann die Buchen und Eichen. Es hilft nichts und es tut weh“, fasst Georg Rebhan-Müller zusammen. Die schwere Arbeit im Wald erfordert Leidenschaft, Begeisterung und Beharrlichkeit. Seiner Leidenschaft beim Sterben zusehen zu müssen, rührt selbst „harte“ Männer zu Tränen.

„Es wird nicht einfach den Wald zu retten, aber wir versuchen es!“, ist die einhellige Meinung der gesamten Mannschaft. Und genau darum geht es.

Ein Waldumbau verläuft nie linear.

Die Naturverjüngung der bereits in unserem Wald vorkommenden Baumarten funktioniert auf großer Fläche bereits ohne Zaun. Neue Baumarten, die noch nicht als Altbaum da sind und aus der Baumschule kommen, brauchen aber einen Schutz wie diesen Zaun.

Pflanzen: Pflanzloch ausheben, Setzling einbringen, mit Erde bedecken, festreten.

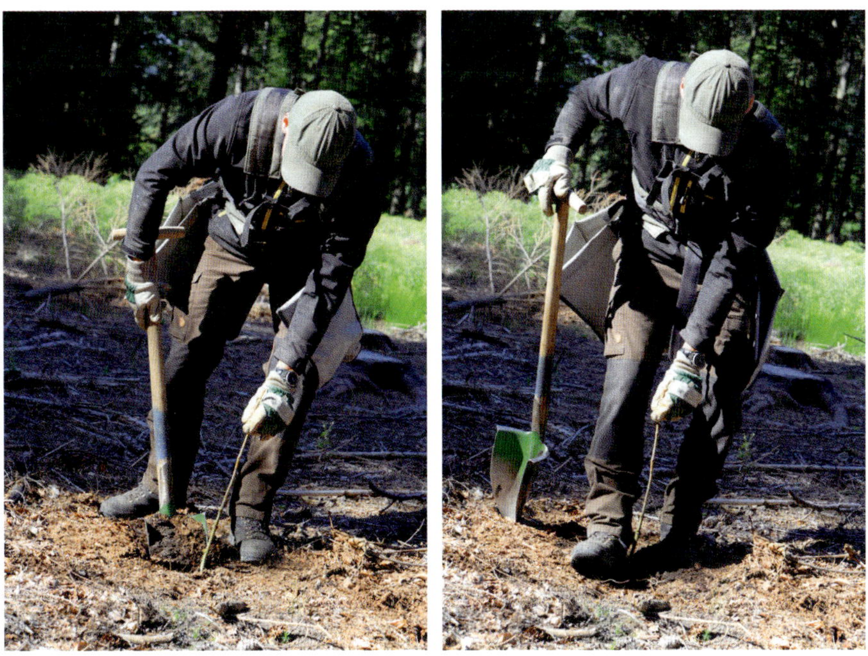

Unsere Förster und wir teilen dieselbe unternehmerische Zielsetzung.
Wir vertrauen ihrer Fachkompetenz.

Ausflug: Mit ganzem Herzen

Im Laufe des Mittelalters wurde der Wald durch drei große Rodungsperioden immer weiter zugunsten landwirtschaftlicher Flächen zurückgedrängt. Um 1350 nach Christus war schließlich nur noch rund ein Drittel von Deutschland bewaldet und das heutige Landschaftsbild in seinen Grundzügen entstanden.

Mit Beginn der Industrialisierung um 1830 stieg der Holzbedarf enorm. Die Herstellung von Metallen und Glas erforderte große Mengen an Holzkohle und führte zu großflächigen Abholzungen. Aber auch der Bedarf an Grubenholz für den Bergbau war immens. Bis in die Mitte des 19. Jahrhunderts wurden dafür fast ausschließlich Eichenstämme benutzt. Weidevieh im Wald verhinderte dessen natürliche Verjüngung. Abgefallene Blätter und Nadeln wurden als Stalleinstreu genutzt und dem Wald damit wichtige Nährstoffe entzogen. In der Zeit von 1750 bis 1850 waren die Wälder schließlich so verlichtet und ausgeplündert, dass eine große Holznot drohte.

Ende des 18. Jahrhunderts wurden daraufhin die ersten Forstbaumschulen gegründet. Aus der Not heraus wurden überwiegend schnell wachsende Nadelbäume kultiviert, vor allem Fichte und Kiefer. Die bekannten Nachteile einer großflächigen Nadelkultur ließen nicht lang auf sich warten: Sturm, Schneebruch, Insektenfraß.

Nach dem Ende des Zweiten Weltkriegs stand man erneut vor abgeholzten und zerstörten Wäldern. Um den immensen Bedarf an Setzlingen zu decken, gründeten viele Forstbetriebe ihre eigenen Baumschulen, auch wir. Bis in die 1960er Jahre lieferten unsere Pflanzgärten in den verschiedenen Revieren den Nachwuchs.

Der Zustand vieler Wälder heute erfordert abermals eine intensive, oft flächendeckende Neupflanzung. Die Waldbesitzer wollen bei der Auswahl ihrer Pflanzen nicht nur auf bewährte Baumarten zurückgreifen, sondern müssen auch der Klimaveränderung Rechnung tragen.

Ein Mann, der dieses Ziel seit Jahren verfolgt, ist Karl-Heinz Brunner. In Mittelfranken gründete er 2013 seine eigene Forstbaumschule, um mit deren Hilfe die biologische Pflanzenvielfalt der heimischen Wälder zu bewahren und sie mit seltenen, wertvollen Baumarten zu bereichern.[15] Besonders klimatolerante, aber auch altbewährte Baumarten liegen ihm am Herzen. Er erntet die Früchte regionaler Altbäume, um deren Genetik zu bewahren. Eigene Waldflächen hat er mit Elsbeere, Nussbaumarten und Speierling bestockt und dabei viel Erfahrung gesammelt.

2020 hat Karl-Heinz Brunner den Speierling im Casteller Schlossgarten beerntet. Aus den Samen hat er viertausend Nachkommen kultiviert, von denen wir 1.500 einjährige Pflanzen selbst übernahmen und im März 2021 in verschiedenen Revieren auspflanzten. „Ich sehe es als meine Lebensaufgabe an, meinen Teil für einen zukunftsträchtigen Wald zu leisten“, sagt Karl-Heinz Brunner: „Es gibt immer Neues zu lernen. Die Klimaveränderung verlangt unsere ganze Aufmerksamkeit. Flexible Baumarten wie Waldwalnüsse, Elsbeere, Speierling, Feldahorn, um nur einige zu nennen, sehe ich als *Zukunftsbäume*, die zudem wirtschaftlich interessant sind."

So gilt die Schwarznuss als Alternative zum Tropenholz. Das geradfaserige Holz ist mit seiner wunderschönen rotschwarzen Maserung sehr dekorativ, dabei besonders hart und doch leicht zu verarbeiten. Es wird im Möbelbau und Innenausbau sowie im Schiffsbau und als Furnier verwendet. Brunner besucht viele Forstbetriebe und blickt daher positiv in die Zukunft: „Gerade die junge Generation von Förstern lässt sich von der Idee eines zukunftsträchtigen Naturwaldes begeistern. Ein Naturwald, der bewirtschaftet wird und nicht der Natur überlassen bleibt. Wird diese Idee rechtzeitig und konsequent weiterverfolgt, hat der Wald eine Überlebenschance."

Gut zu wissen …

Zukunftsbaum

Zukunftsbäume sind einzeln oder gehäuft stehende Exemplare, deren Merkmale, wie zum Beispiel Vitalität, Qualität, Struktur, Habitateigenschaften, vielversprechend sind. Sie sollen die Zukunft des Waldes bilden und alt und dick werden. Jeder Zukunftsbaum kann verschiedene Funktionen erfüllen. Beispielsweise ist ein wirtschaftlich wertvoller Baum von geradem Wuchs, hat im unteren Stammbereich keine Äste und auch sonst keine von außen erkennbaren Beeinträchtigungen an dem Stück, das später zu Furnier- oder Sägeware verarbeitet wird. Für die Biodiversität wichtige Bäume sind das genaue Gegenteil: astig, krumm mit Löchern und vielen Nischen am Stamm und in der Krone.

Gut zu wissen ...

Totholz

Totholz ist charakteristisch für naturnahe Wälder. Es ist der Sammelbegriff für abgestorbene Bäume oder Teile davon, die wir im Wald stehen oder liegen lassen. Damit geben wir unzähligen Tieren und Pflanzen einen Lebensraum, die wiederum unentbehrlich an der Verrottung „arbeiten“ und dabei wichtige Nährstoffe freisetzen, die zur Düngung und für den Humusaufbau wertvoll sind.

Naturverjüngung

Die natürliche Erneuerung im Waldbau durch Samenanflug oder Samentransport durch Tiere aus dem eigenen Bestand oder benachbarten Wäldern.

Diversifikation

Wirtschaftlich gesehen bedeutet eine Diversifikation (Veränderung, Abwechslung, Vielfalt) die Ausweitung der Produktion beziehungsweise des Sortiments auf neue, bis dahin nicht erzeugte und angebotene Produkte.

Wir wollen zukunftsfähigen Wald, keinen „Forst"

Mit unseren „Wurzeln" gehen wir sorgfältig und klug um. Unsere Experten in Wald, Landwirtschaft und Wein sind sehr darauf bedacht, ökologische Zusammenhänge zu erkennen, verstehen zu lernen und zu schützen, vor allem den Boden. Wir helfen heute unserem Boden, wieder lebendig zu werden. Wir freuen uns darauf, dass wir hoffentlich in naher Zukunft in einer Handvoll Erde wieder mehr Lebewesen haben, als Menschen auf dem Planeten leben. Unsere Böden sollen mit ihrer Speicherleistung helfen, Kohlenstoff aus der Atmosphäre in der Erde zu binden. Im Acker- und Weinbau hat der Humusaufbau Priorität. Darüber hinaus verzichten wir im Gesamtbetrieb auf die Verwendung von Glyphosat.

Ein zentraler Auftrag ist für uns, die Wasserverfügbarkeit zu sichern. Wir wollen nicht weiter gießen oder bewässern müssen, sondern mit gezieltem Humusaufbau eine bessere Wasserspeicherfähigkeit und Nährstoffverfügbarkeit erreichen. Das gelingt im Wald zum Beispiel mit *Totholz.* Wir fahren nicht jeden Ast raus, den man auch als Hackschnitzel verheizen könnte, sondern lassen bewusst nicht wenig davon im Wald. Mikroben, Insekten, Pilze, um nur einige wenige der unzähligen Helfer zu nennen, zersetzen die organische Substanz. Das Totholz wird durch die vielen kleinen Löcher schwammig und kann so erheblich mehr Wasser speichern, das in Trockenperioden wertvoll ist.

Um unser wirtschaftliches Risiko weiter zu minimieren, setzen wir auf eine Erweiterung unseres Angebots an verkaufsfähigem Holz. Mit einem gut sortierten Warenlager können wir auf noch nicht absehbare Entwicklungen reagieren. Damit versprechen wir uns Antworten auf noch nicht absehbare Entwicklungen, egal ob wirtschaftlicher, klimatischer oder auch modischer Art. Wir nennen das „Risikostreuung".

Beim Wald setzen wir dabei im Kern auf die seit Jahrtausenden hier ansässigen Arten Eiche, Buche, Ulme, Linde, Tanne, Elsbeere, Speierling,

Kirsche und viele andere. Besonders wichtig ist uns dabei die Mischung der Arten. Wir wollen keine „Forst“ genannte Monokultur. Wir bauen an einem gut gemischten, artenreichen, zukunftsfähigen und wertvollen Wald. Warum gemischt und artenreich? Jeder Baum hat seine individuellen Schädlinge. Die Eiche den Grünen Eichenwickler, den Gemeinen Frostspanner, den Eichenprozessionsspinner, den Schwammspinner und den Eichenprachtkäfer. Borkenkäfer, wie Buchdrucker und Kupferstecher, greifen besonders Fichten an. Die Rußrindenkrankheit befällt vor allem den Ahorn. Das falsche weiße Stengelbecherchen, besser bekannt als Eschentriebsterben, schädigt die Eschentriebe immens.

Unsere Waldkiefer kommt zwar mit Trockenheit gut zurecht, aber nicht mit der immensen Hitze, die 2018 und 2019 hier herrschte, in Folge des Trockenstresses wurde sie von Prachtkäfer, Waldgärtner und weiteren Insekten befallen, die Kronen wurden braun und litten unter dem Diplodia-Triebsterben, einem Pilz, der zum Absterben der Nadeln und Triebe führt.

Je unterschiedlicher die Baumarten sind, desto geringer ist die Gefahr einer massenhaften Vermehrung der Schädlinge. Das heißt aber auch, wenn eine Baumart im Mischwald zerstört wird, entsteht eine Lücke, die von anderen Arten begrenzt wird. Angenommen, ein oder zwei Baumarten von vielleicht fünfzehn Gattungen verschwinden komplett durch Klimaveränderung, Schädlinge, Krankheiten, aus welchen Gründen auch immer, dann bleibt immer noch ein artenreicher Wald zurück. Er löst sich nicht auf ganzer Fläche auf, sondern bleibt locker erhalten und das Waldklima wird nicht gestört.

Ähnlich wie im Wald wirtschaften wir auch in anderen Teilen unseres Unternehmens. Auch im Bankgeschäft wachsen die Bäume nicht in den Himmel. Der Gedanke der Risikostreuung, den wir im Wald verfolgen, wird in unserer Vermögensverwaltung genauso selbstverständlich durch eine gesunde Streuung von Aktien, Renten und andere Anlageklassen umgesetzt. Diese wieder diversifiziert nach Branchen und Regionen.

Der Wald hat uns gelehrt, dass man hohe Ertragserwartungen immer gegen das in ihnen liegende Risiko abwägen muss. Wenn man eine Rendite anstrebt, die über der des Marktes liegt, kauft man sich damit immer ein höheres Risiko ein. Ein Vergleich: Pflanzen wir im Wald ausschließlich Fichte, weil sie theoretisch am schnellsten wächst, und haben wir, beziehungsweise unsere Nachkommen, dazu das sehr große Glück, dass die Fichte ihre 120 Jahre bis zur Erntereife überlebt, dann werden unsere Enkel sehr viel Geld verdienen. Es gibt aber ein sehr, sehr großes Risiko, dass etwas dazwischenkommt wie zum Beispiel Schneebruch, Windwurf oder Borkenkäfer. In unseren Aufzeichnungen von 1960 bis heute, insbesondere seit Anfang der 2000er Jahre, ist ein kontinuierlicher Anstieg der Kalamitäten dokumentiert.

Wenn wir unseren Kunden empfehlen, alles auf einen Wert zu setzten, der in der Vergangenheit eine sehr gute Rendite hatte, und der Kunde dann das große Glück hätte, dass sich diese über die Jahre nicht wesentlich reduziert, wäre es theoretisch schon möglich, dass er in zwanzig Jahren sehr viel Geld damit verdient. Es gibt aber ein sehr, sehr großes Risiko, dass alles Mögliche dazwischenkommt, das zu Wertschwankungen führen kann. Es ist unklug, nur auf eine Karte zu setzen, deshalb tun wir das nicht, weder im Wald noch in den Wertpapierdepots unserer Kunden.

Aber konzentrieren wir uns wieder auf den Wald und erweitern an seinem Beispiel die Risikostreuung noch einmal. Wir möchten nämlich unsere fünfzehn Baumarten auch noch in sämtlichen Altersklassen vorrätig haben. Unser Ziel ist also, dass alle Entwicklungsstadien aller Baumarten zugleich bei uns stehen, wachsen und sich wohl fühlen. Das verspricht größte Stabilität, einen stattlichen gemischten Bestand und damit eine geringere Abhängigkeit vom Holzmarkt. Wir wollen in Zukunft nur ernten und verkaufen, wenn wir den besten Preis im Verkauf erzielen.

In den 2000er Jahren haben wir einige Millionen Pflanzen eingebracht, um Schadflächen zu bestocken, die durch Sturm, Trockenheit und Käfer entstanden sind. Der Schwerpunkt hat sich inzwischen verlagert. Unser

Bestreben heute ist nicht mehr, viel zu pflanzen, sondern den Wald sich selbst durch Samen der Mutterbäume verjüngen zu lassen. Deren Saatgut fühlt sich am heimatlichen Standort von Anfang an wohler als die von Menschenhand gepflanzten Bäume. Die Natur entscheidet dabei selbst, welche Baumart sich an welcher Stelle für die Zukunft durchsetzt. Eichelhäher und Eichhörnchen helfen fleißig mit bei der Samenverbreitung. Das tut der *natürlichen Verjüngung* gut und führt zu einem abwechslungsreichen Mischwald. Uns ist bis heute eine sehenswerte, artenreiche und dichte Naturverjüngung gelungen. Bei voller Belaubung im Sommer ist kein Durchkommen.

Wir können auf Wälder zurückgreifen, die seit Jahrzehnten naturnah bewirtschaftet werden. Das Zusammenstehen von Nadel- und Laubbäumen im gemischten Wald hat uns vor dem Schlimmsten bewahrt. Dabei werden wir in den nächsten zehn bis zwanzig Jahren vereinzelt noch fehlende oder zu gering vorhandene Bäumchen gruppenweise in einigen Waldabteilungen ergänzen. Aber großflächige Pflanzungen, hauptsächlich von Laubbäumen, finden nur noch auf Kahlflächen statt, die der „Käfer" hinterlassen hat.

Wir sind inzwischen relativ gut aufgestellt. Andere Waldbesitzer stehen vor dem Nichts. Umso dramatischer, wenn der Wald für sie die einzige Ertragsquelle ist. Ihre Existenz gerät in Gefahr. Eine gesunde *Diversifikation* anzustreben, ist ökologisch und ökonomisch eine riesige Aufgabe. Zur Finanzierung muss man entweder auf andere Verdienstmöglichkeiten oder Erspartes zurückgreifen, staatliche Fördermittel ausschöpfen, oder einen Kredit aufnehmen.

Aber ein Wald, der ökologisch diversifiziert ist, ist ein anderer Mikrokosmos, als wir ihn bisher kannten. Ökonomie und Ökologie gehen dabei Hand in Hand: Ein gesunder Mischwald bringt einen gesunden Ertrag. Ob man sich die dafür nötigen Investitionen leisten kann und will, ist eine persönliche Entscheidung. Wir haben uns dafür entschieden, denn wenn es uns gelingt, diese Millionen kleiner gepflanzter Bäume und die vielen, die darüber hinaus von ganz allein wachsen, zu pflegen und zu fördern, ist das die Grundlage für die wirtschaftliche und ökologische Existenz unserer Enkel und deren Nachkommen.

Wir werden immer wieder gefragt: Welche sind die Zukunftsbäume? Gerne würden wir konkrete Empfehlungen aussprechen. Doch jeder Standort eignet sich nur für bestimmte Pflanzen. Bei uns gedeiht Wein, aber kein Hopfen. In Schleswig-Holstein sind die Weizenerträge höher als in Franken. In Franken und unserem thüringischen Revier Oberschönau bewirtschaften wir Standorte, die unterschiedlicher nicht sein könnten: Ton, Lehm und Sand stehen Felsformationen gegenüber. In Oberschönau fallen mehr Niederschläge und es ist im Durchschnitt zwei Grad kühler als im fränkischen Weinbauklima. Die höchste Erhebung in Franken liegt im Revier Friedrichsberg mit fünfhundert Höhenmetern, Oberschönau dehnt sich dagegen von 516 bis auf neunhundert Höhenmeter aus. Daraus erklärt sich auch eine um ungefähr vier Wochen verkürzte Vegetationszeit gegenüber den tieferliegenden fränkischen Revieren. In Franken hat die Fichte keine Chance mehr, in Thüringen steht sie in den Höhenlagen auch in Zukunft gut da. Wir sind ein Forstbetrieb, wir verfolgen in allen Revieren die gleiche waldbauliche Ausrichtung der Baumartenmischung, jeweils angepasst an die Besonderheit des Standortes.[16]

Im Revier Oberschönau steht die Fichte ab einer gewissen Höhenlage im Gegensatz zu den fränkischen Revieren am richtigen Platz.

Jeder Waldbesitzer muss bei der Auslese seiner Zukunftsbäume die eigenen Rahmenbedingungen prüfen, in die Zukunft projizieren, und entscheiden, welches Risiko er tragen will.

Versuchsweise experimentieren wir mit exotischen Pflanzen oder Samen aus wärmeren Regionen. Wir ziehen unsere Erkenntnisse aus Erfahrungen und Prognosen. Wir beobachten und begreifen immer mehr die Zusammenhänge. Wir sind auch manchen Umweg gegangen oder haben uns verlaufen, aber eines ist uns klar geworden: Für jeden Standort, jede klimatische Situation, gibt es die passenden Pflanzen. Man muss sie nur finden und gut mischen.

Ein gesunder Mischwald bringt einen gesunden Ertrag.

Sechs Baumarten auf zwei Quadratmetern:
1 Hainbuche, 2 Spitzahorn, 3 Eiche, 4 Elsbeere, 5 Rotbuche und 6 Tanne.

Entstandene Käferlöcher nutzen wir als Experimentierflächen für exotische Baumarten. Dabei schützen wir die seltenen Pflänzchen je nach Licht- und Luftbedarf vor Verbiss.

Links: Gepflanzte Esskastanie.
Rechts: Aufgegangene Aussaat von rumänischen Weißtannen.

Die Weißtanne

Nicht jeder Nadelbaum, der als „Tannenbaum“ besungen wird, ist wirklich eine Tanne. Aber die Weißtanne (Abies alba) trägt ihren Namen zurecht. Sie gilt als ideale Baumart für Mischwälder, ist bei uns aber eher eine Seltenheit. Als wahre Delikatesse für das Wild tun sich junge Pflanzen schwer, groß zu werden. Die wenigen ausgewachsenen Exemplare in unseren Wäldern markieren und hüten wir als Samenbäume. Wenn es gelingt, eine Tanne ohne Zaun aufwachsen zu lassen, ist das eine Auszeichnung für erfolgreiche Jäger. Unter den Nadelbäumen ist die Weißtanne eine Besonderheit, da sie als einzige eine bis zu eineinhalb Metern tiefe Wurzel ausbildet. Ob ihre Pfahlwurzel ausreicht, sie für die Herausforderungen des zukünftigen Klimas zu wappnen, bleibt allerdings umstritten

Erfolgreiche Naturverjüngung der Weißtannen im Revier Friedrichsberg ohne Wildzaun.
Links: Schätzungsweise 90 Jahre alt sind unsere größten Exemplare.

Den Wald vor lauter Bäumen sehen

Mit Pflanzen und Naturverjüngung allein ist es nicht getan. Bis sich ein Wald selbst regulieren kann, gibt es noch viel zu tun. Wir dürfen ihn keinesfalls sich selbst überlassen, sondern müssen ihn pflegen und fördern, um unsere Ziele zu erreichen.

Junge Bäume sind wie junge Menschen: In den ersten Jahren brauchen sie mehr Hege und Pflege, dann wachsen sie von selbst und bringen später gute Leistung. Andersherum: Wenn ein Baum gepflanzt wird, verursacht er die ersten dreißig bis vierzig Lebensjahre, also ungefähr eine durchschnittliche Lebensarbeitszeit, nur Arbeit und Kosten. Der Waldbesitzer, der einen Baum pflanzen lässt, kann in seiner aktiven Zeit keine Rendite daraus erwarten. Der Waldarbeiter, der die Pflanzung ausführt, wird sich vielleicht noch im Ruhestand am wachsenden Baum erfreuen können, aber zur vollen Reife wird der Baum erst nach achtzig oder 150 Jahren kommen. Der Gedanke, über die eigene Lebens- und Arbeitszeit hinaus zu planen und sich mit vollem geistigem und körperlichen Einsatz für die Zukunft kommender Generationen einzusetzen, ist für Menschen aus anderen Branchen häufig überraschend und beeindruckend.

Es gehört mit zu den wichtigsten und verantwortungsvollsten Aufgaben bei der Waldpflege, querfeldein durch den Wald und das Unterholz zu streifen, dabei jeden einzelnen Baum, jedes kleine Pflänzchen und dessen Umgebung zu begutachten und Entscheidungen zu treffen: Ist es eine Baumart, die wir besonders fördern wollen? Wird der Nachwuchs von Nutzen seien? Welcher Nachbar könnte seine Entwicklung behindern, welcher kann helfen? Welcher hat gute Ansätze, es bis zur Wertholzreife zu bringen? Welcher braucht mehr Luft und Licht?

Wir umsorgen unsere kleinen Bäume, bis sie aus dem Gröbsten raus sind. Mit gezielten und wiederkehrenden Pflegeeingriffen nehmen wir sie „an die Hand" und begleiten sie ein Stück auf ihrem langen Weg in die Zukunft. Oberste Priorität bei allen Maßnahmen hat die langfristige Sicherung des Waldes. Den Förstern und Waldarbeitern zollen wir für ihren Einsatz unseren Respekt und vertrauen ihnen. Sie wissen, was sie tun.

Heute besteht der überwiegende Teil der Pflege bei uns darin, die Baumartenmischung zu lenken. Da geht es nicht nur darum, die schönsten Individuen rauszusuchen, sondern auch der langsam wachsenden Eiche zu helfen, neben der dominierenden Buche zu überleben. In einem jungen Wald besteht unsere Arbeit darin, eine möglichst große Baumartenmischung zu erhalten. Im Fachjargon nennt man das: Mischungsregulierung während der Jugendpflege. Bis die Bäume übermannshoch sind, legen wir hier unser Augenmerk ganz besonderes auf die Eiche, die bei der Klimaänderung sehr wichtig ist. Als lichtliebende Baumart verträgt die Eiche mit zunehmendem Alter eine starke Beschattung schlechter und verliert in einer zahlreichen Buchenverjüngung schnell ihre Konkurrenzkraft. Deshalb schauen wir, dass die Eiche auch in einer gemischten Verjüngung wettbewerbsfähig bleibt.

Es geht also bei der *Durchforstung* immer um die Unterstützung und Pflege von Zukunftsbäumen. Dabei gehen wir nicht schematisch nach Abständen oder reinen Baumarten vor, sondern fördern jede Baumart, die auf der Fläche vorkommt, je geringer die Stückzahl, sprich: je seltener die Baumart, desto wichtiger ist ihr Erhalt durch Pflegemaßnahmen.

Buchen kommen in großer Anzahl und flächig im jungen Wald vor. Stehen nur Buchen nebeneinander, sind Pflegeeingriffe fast nicht notwendig. Die Buchen regeln ihr Wachstum unter sich. Wir überlassen reine Buchenverjüngungen sozusagen weitestgehend ihrer Selbstregulation. Die schwächeren sterben ab und werden wieder zu Humus, die vitaleren setzen sich durch und wachsen weiter. Steht aber eine Kirsche, ein Ahorn, oder eine Eiche, oder eine Gruppe anderer Baumarten in der Buchenverjüngung, helfen wir hier dem Einzelbaum oder der Gruppe, um in dem Buchendschungel zu bestehen und als Mischbaumart im Altbestand eine Chance zu haben.

Bäume, die als Gruppe eine dichte Krone bilden, sind eine notwendige Konstellation zum Erhalt eines gesunden Waldinnenklimas. Die lichtbedürftigen Baumwipfel werden von der Sonne gut beschienen und dienen gleichzeitig als Dach für das darunter liegende Baumgefüge und den Waldboden. Gegenüber dem Freilandklima fallen Lichtintensität, Windgeschwindigkeiten und Niederschläge unter dem Kronendach geringer aus, die Luftfeuchtigkeit dagegen ist höher. Ein intaktes Waldinnenklima stärkt den Wald gegen die Klimaerwärmung. Die hohe Kunst des Waldbaus ist es, eine ausgewogene horizontale Waldstruktur mit abwechselnd dichten und lückigen Bereichen zu gestalten.

Im traditionellen Kahlschlagverfahren werden ganze Flächen geschlagen, egal wie dick das Holz ist. Der Boden wird von einem Moment auf den anderen völlig neuen Bedingungen ausgesetzt. Wo es im Sommer kühl und schattig war, ist es nun in den ersten Jahren nach dem Kahlhieb gnadenlos heiß und schnell trocken. Bei einem Kahlschlag wird aus einem moderat ausgleichenden Waldinnenklima ein Klima der Extreme: Hitze und Trockenheit im Sommer und Frost im Winter. Mit den geänderten Bedingungen kann nicht jede Pflanze gut umgehen. Junge Tannen erfrieren auf der Freifläche leicht und brauchen länger für das Höhenwachstum. Schädlinge können sich leichter und schneller vermehren.

Im modernen naturnahen Waldbau werden die Bestände über einen längeren Zeitraum verjüngt und genutzt. Nach jeder Durchforstung bleiben Bäume stehen, die ökonomisch wertvoller als die entnommenen sind. Auch ökologisch wertvolle Bäume werden beachtet und stehen gelassen, diese müssen aber nicht gefördert werden wie die ökonomisch wertvollen Exemplare, denn Bedrängung durch andere Bäume heißt Kampf um die Ressourcen. Einer verliert, aber die Ökologie gewinnt, es entstehen neue biologische Nischen für die Artenvielfalt, zum Beispiel Totholz.

Im langfristigen Dauerwaldkonzept kommen dann alle Altersstufen, alle Baumhöhen und alle Baumdicken nebeneinander vor. Es gibt keine Kahlhiebe oder Räumungen. Es gibt junge, mittelalte und alte Bäume, auch ganz alte. Es gibt dünne, mittelstarke und dicke Bäume, auch ganz dicke. Es gibt hohe Bäume und niedrige Bäume. Es gibt dunkle Stellen und lichte Stellen im Wald.

Das Dauerwaldkonzept stellt an den Förster die höchsten Anforderungen. Beim Kahlhieb markiert der Förster, von wo bis wo die Bäume eingeschlagen werden sollen – er zeichnet somit eine Fläche an. Bei Durchforstungen im Altersklassenwald wird auf ein Ziel nach einer bestimmten Umtriebszeit hingearbeitet. Zwischendurch werden schwächere oder bedrängende Bäume entnommen, um einer bestimmten Anzahl von Bäumen ein schnelles Dickwerden zu ermöglichen. Am Ende stehen achtzig bis zweihundert dicke Bäume über – im besten Fall – einer gelungenen, gesicherten Naturverjüngung. Es müssen also Zukunftsbäume festgelegt werden und deren Bedränger im Laufe der Zeit entnommen werden.

Im Dauerwald hingegen spielt nicht die Umtriebszeit die entscheidende Rolle, sondern der Durchmesser des Baumes. Über die reine Holzproduktion hinaus nehmen Bäume im Dauerwald aber auch weitere Funktionen ein. Zum Beispiel kann ein kleinerer, krummer, ökonomisch nicht zu verwertender Baum einen anderen, dickeren Baum mit einer besseren Qualität vor zu starken Sonnenstrahlen schützen, oder ein zu schnelles Austrocknen des Bodens verhindern, also das Waldinnenklima beeinflussen.

Kahlschlag wird bei uns nicht mehr praktiziert, außer der Borkenkäfer zwingt uns dazu. Um unser Ziel, einen Dauerwald, zu erreichen, durchforsten wir unsere Bestände mit Blick auf die Mischung und die weiteren Funktionen, die ein Baum einnehmen kann. Wir fragen: Welchen Grund gibt es, dich zu entnehmen? Welche Funktion hast du hier inne? Wie wichtig bist du für den Wald hier? Kann ich es verschmerzen, wenn du nicht mehr da bist? Verändere ich das Waldgefüge durch deine Entnahme stark, oder fördere ich sogar das Waldgefüge durch deine Entnahme. Dies ist eine sehr hohe Verantwortung für unsere Förster.

Sicherlich sind Ihnen im Wald schon mysteriöse farbige Zeichen an Bäumen aufgefallen. Vielleicht haben Sie auch überlegt, was sie zu bedeuten haben. Wir können Ihnen unsere Zeichensprache vorstellen, jeder Forstbetrieb hat allerdings sein eigenes Markierungssystem. Bei der Auszeichnung fällt der Förster, bildlich gesprochen, sein Urteil über einen Baum. Seine Bewertung sprüht er als farbiges Zeichen auf den Baum, das dann Waldarbeiter oder Maschinenführer lesen und entsprechend umsetzen. Besonders bildhaft wird der sogenannte *Spechtbaum* markiert. Wie der Name schon sagt mit einer mehr oder weniger gelungenen Spechtsilhouette. Gerade die Spechtbäume bieten vielen Tierarten Lebensraum – von der Kinderstube bis zur Singwarte.

Waldbau ist einerseits ein traditionsreiches Handwerk, andererseits geht der Blick eines Forstmannes immer in die Zukunft. Im Wald werden Bäume geerntet, die von früheren Generationen gepflanzt und gehegt wurden. Gleichzeitig wird an den Wirtschaftsgrundlagen der übernächsten Generation gearbeitet. Teilweise wird dafür das Wort „Generationenvertrag" verwendet. Mir scheint das Bild von einem Staffellauf treffender: Jeder Läufer baut auf der Leistung des Vorgängers auf, wenn er an der Reihe ist, zeigt er seinen bestmöglichen Einsatz, um seinem Nachfolger wieder eine gute Startposition zu ermöglichen. Förster und Waldarbeiter sollten immer für das Wohl kommender Generationen arbeiten. Richtig verstandene Forstwirtschaft ist also ein beeindruckendes Beispiel für zukunftsorientiertes Handeln.

Oberste Priorität bei allen waldbaulichen Maßnahmen hat die langfristige Sicherung des Waldes.

Junge Baumpflänzchen in der Naturverjüngung sind die Wirtschaftsgrundlage der übernächsten Generation.

7. Dunkler Altbestand von durchweg guter Qualität.
7. Alte Buche mit guter Qualität am Rand des Verjüngungskegel.
5. Schattenertragende Naturverjüngung aus Buche.
5./6. Junge Douglasie, die nach dem Licht wächst.

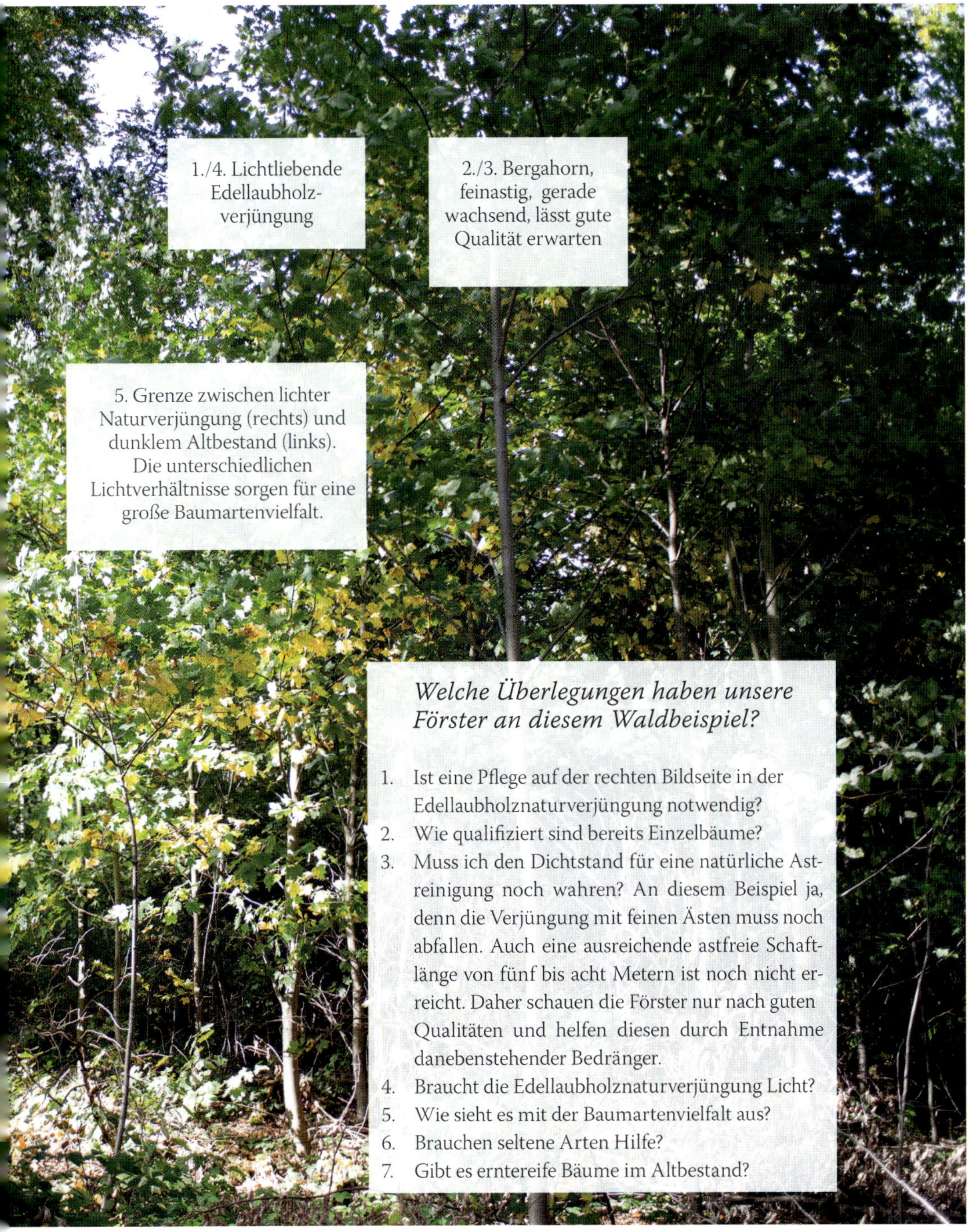

Welche Überlegungen haben unsere Förster an diesem Waldbeispiel?

1. Ist eine Pflege auf der rechten Bildseite in der Edellaubholznaturverjüngung notwendig?
2. Wie qualifiziert sind bereits Einzelbäume?
3. Muss ich den Dichtstand für eine natürliche Astreinigung noch wahren? An diesem Beispiel ja, denn die Verjüngung mit feinen Ästen muss noch abfallen. Auch eine ausreichende astfreie Schaftlänge von fünf bis acht Metern ist noch nicht erreicht. Daher schauen die Förster nur nach guten Qualitäten und helfen diesen durch Entnahme danebenstehender Bedränger.
4. Braucht die Edellaubholznaturverjüngung Licht?
5. Wie sieht es mit der Baumartenvielfalt aus?
6. Brauchen seltene Arten Hilfe?
7. Gibt es erntereife Bäume im Altbestand?

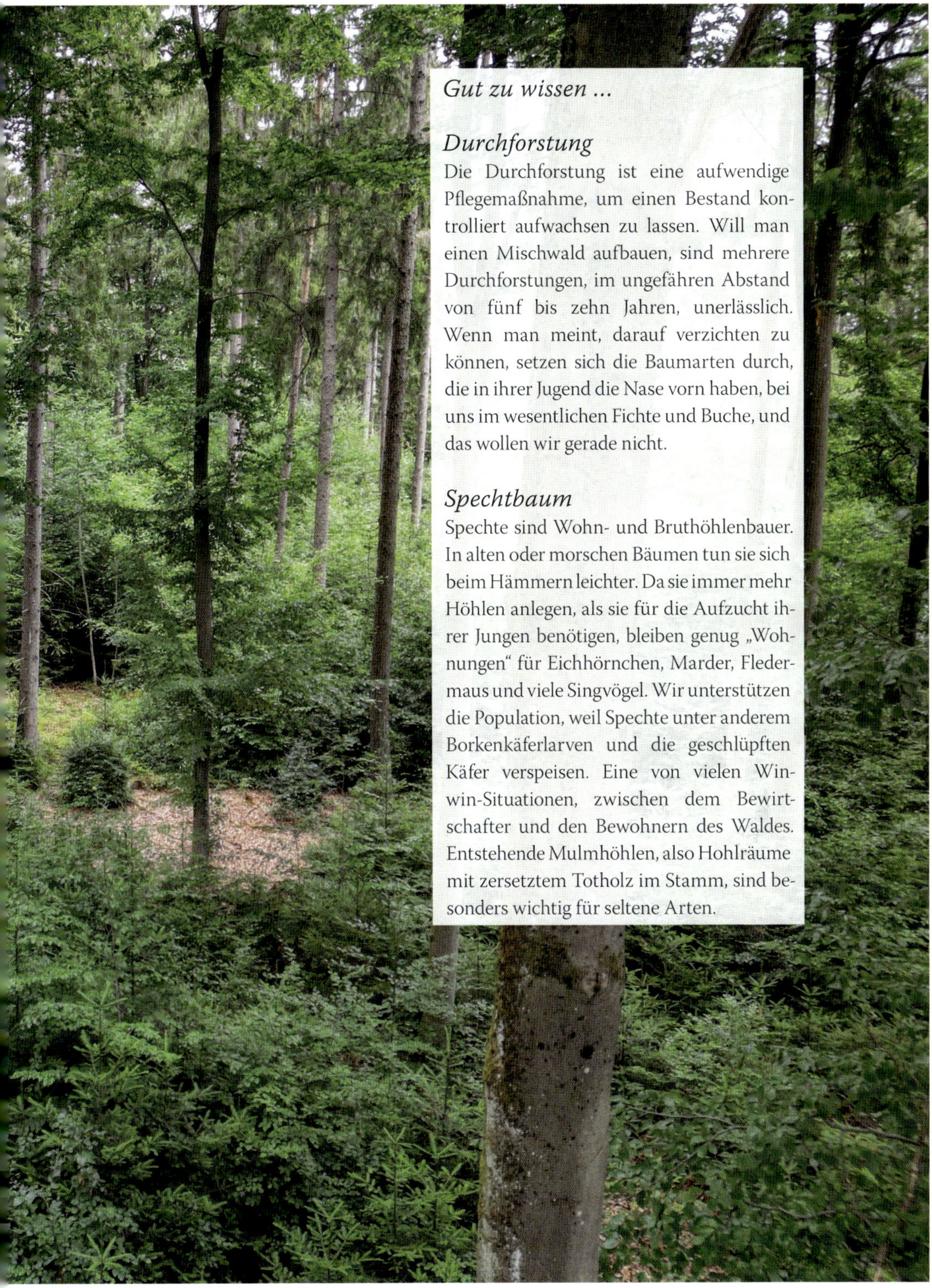

Gut zu wissen ...

Durchforstung

Die Durchforstung ist eine aufwendige Pflegemaßnahme, um einen Bestand kontrolliert aufwachsen zu lassen. Will man einen Mischwald aufbauen, sind mehrere Durchforstungen, im ungefähren Abstand von fünf bis zehn Jahren, unerlässlich. Wenn man meint, darauf verzichten zu können, setzen sich die Baumarten durch, die in ihrer Jugend die Nase vorn haben, bei uns im wesentlichen Fichte und Buche, und das wollen wir gerade nicht.

Spechtbaum

Spechte sind Wohn- und Bruthöhlenbauer. In alten oder morschen Bäumen tun sie sich beim Hämmern leichter. Da sie immer mehr Höhlen anlegen, als sie für die Aufzucht ihrer Jungen benötigen, bleiben genug „Wohnungen“ für Eichhörnchen, Marder, Fledermaus und viele Singvögel. Wir unterstützen die Population, weil Spechte unter anderem Borkenkäferlarven und die geschlüpften Käfer verspeisen. Eine von vielen Win-win-Situationen, zwischen dem Bewirtschafter und den Bewohnern des Waldes. Entstehende Mulmhöhlen, also Hohlräume mit zersetztem Totholz im Stamm, sind besonders wichtig für seltene Arten.

Aufforstung 2010.

Großes Foto und aus einer anderen Perspektive der Wald heute.

Steinbruch im Casteller Wald: Oben im Jahr 2006, unten 2022.

An der „Dicken Eiche" hat sich in den letzten 20 Jahren der Fichtenbestand verabschiedet. Foto oben 2002, unten 2022

DAS WILD

Im Wald, da sind die Rehe

Wir müssen über ein Thema reden, das allgemein als heikel angesehen wird, aber für den Wald überlebenswichtig ist: die Jagd.

Rehe sind Kulturfolger. Sie haben in den Regionen, in die der Wolf noch nicht zurückgekehrt ist, keine natürlichen Feinde. Selbst da, wo wieder Wolfsrudel leben, sind diese nicht in der Lage, das Rehwild spürbar zu dezimieren.[17] Heutzutage leben nämlich so viele Rehe in Deutschlands Wäldern wie nie zuvor. Die Bewirtschaftung des Waldes und auch die Landwirtschaft begünstigen eine starke Vermehrung. Die Tiere finden Futter im Überfluss.

Rehe gehören zur Familie der Hirsche. Unter den mehr als achtzig Arten zählen sie zu den kleinsten Spezies. Als Wiederkäuer mit entsprechend kleinem Magensystem ist das Reh darauf angewiesen, sich von energiereichem Futter zu ernähren. Über den Tag verteilt, benötigt es acht bis zwölf leicht verdauliche Mahlzeiten. Ein Reh wird von Gras allein nicht satt! Es braucht hochwertigere Nahrung, die ihm junge Triebe oder Knospen am besten liefern.

Unsere Wälder sind voll mit Millionen von Baumpflänzchen, die alle nur eines versuchen, nämlich zu einem stattlichen Baum heranzuwachsen. Viele Pflänzchen bedeuten viele Mahlzeiten für die Rehe. Triebe vieler unterschiedlicher Baumarten sind bei den Rehen noch beliebter.

Als Feinschmecker sucht das Reh vor allem die Knospen der seltenen Baumarten im reichen Knospenmeer. Nach dem Besuch eines hungrigen Rehs sind die kleinen Bäume meistens so verletzt, dass sie sich nicht mehr zu stattlichen Bäumen entwickeln können. Manchmal sterben sie gleich ab.

Während wir Waldbesitzer und unsere Förster möglichst viele Baumarten ansiedeln wollen, freuen sich die Rehe über den gemischten Speiseplan und fressen ausgerechnet die Pflanzen, die rar sind. Ein Beispiel:

Wenn in einem reinen Fichtenbestand Douglasien, Buchen oder Eichen eingebracht wurden, wird das Rehwild bevorzugt diese fressen und damit dem Artenreichtum entgegenarbeiten. Das Problem besteht also nicht in der Menge, die das einzelne Reh zu sich nimmt, sondern dass es sich vorwiegend an den Triebspitzen der jeweils seltensten Baumarten labt.

Im Umkehrschluss: Wenn man nur eine Baumart im Wald hat oder nur eine Baumart haben will, sind Rehe dort kein großes Problem. Sobald man sich bemüht die Anzahl von Baumarten im Wald zu erhöhen, wird es kritisch. Das waldschädigende Fressverhalten des Rehwildes nennt man „Entmischen". Wir bemühen uns um eine vielfältige Mischung in der Verjüngung – die Rehe dagegen entmischen, sprich, sie verringern die Artenvielfalt.

Gelingt es uns jedoch, den Rehwildbestand so weit zu reduzieren, dass unser seltener und kostbarer Nachwuchs heranwachsen und sich ausbreiten kann, wird damit auch der Lebensraum für die verbleibenden Rehe sehr viel attraktiver. Ist unsere Jagd erfolgreich, wächst neben der krautigen Vegetation von einjährigen, schmackhaften Pflanzen, eine bunte Baumartenmischung heran und die verbliebenen Rehe freuen sich über ein abwechslungsreiches und ausreichendes Nahrungsangebot.

Ein anderer Gesichtspunkt: Rehe haben nur zwei Bedürfnisse: sich zu verstecken und zu fressen. Jäger sagen: Sie suchen Deckung und sie suchen Äsung. In einem Altersklassenwald, das heißt, alle Bäume auf einer Fläche sind gleich alt und gleich hoch, muss ein Reh immer abwägen: Will ich mich verstecken oder suche ich Futter? Je öder der Wald ist, desto häufiger müssen die Rehe diesen verlassen, um auf den Feldern und Wiesen Nahrung zu suchen.

In einem reinen, volkstümlich so genannten „Tannenwald", der aus Fichten besteht, finden sie kein Futter. Was sollten die Rehe in dieser Monokultur auch fressen? In einem traditionell bejagten und bewirtschafteten Wald kommen Rehe, vom Hunger getrieben, im Schutz der Dämmerung auf die Wiesen und Felder. Dort können sie sich zwar einigermaßen ernähren, aber nicht verstecken. Deshalb springen sie so schnell wie möglich wieder zurück in die Reinbestände zur Deckung. Ein Reh muss also immer abwägen zwischen Äsung und Deckung, zwischen Futter und Schutz, das verursacht ihm Stress.

Seit wir uns bemühen, die Artenvielfalt im Wald zu erhöhen, hat sich auch der Lebensraum unseres Wildes verbessert. In früheren Fichtenbeständen musste das Rehwild mühsam nach Nahrung und Versteckmöglichkeiten suchen; heute ist der Tisch reich gedeckt und Verstecke finden sich überall.

Wir streben einen bunten Wald an, vorwiegend mit Laubbäumen in unterschiedlichen Höhen und vielen Entwicklungsstadien auf einer Fläche. In Abteilungen, wo uns das schon gelungen ist, kann sich das Reh auf kleinem Raum gut verstecken und gleichzeitig Futter finden. In unserem Wald besteht für das Wild nicht mehr die Notwendigkeit, die „Vorratskammer" zu verlassen. Es geht im Wald ein paar Schritte weiter und findet abwechslungsreiche Kost. Wir können sagen, dass unsere Art zu jagen zu „glücklichen" Rehen führt.

Das Frappierende daran ist, dass man bei uns sehr viel weniger Rehe sieht, als vorhanden sind. Wenn Sie unseren Wald besuchen, werden Sie keines sehen, und wenn Sie bei Dämmerung an die umliegenden Wiesen gehen, werden Sie auch keines sehen. Die Rehe liegen gemütlich an geschickt gewählten Orten, wo sie einen guten Überblick haben, ohne selbst gesehen zu werden, und wo sie mit wenigen Schritten Nahrung finden. Durch unsere ausgeweitete Verjüngung im Wald mit vielen kleinen Bäumen sind die Rehe fast unsichtbar. Man sieht sprichwörtlich das Reh vor lauter Bäumen nicht!

Aus Sicht der Rehe kommt noch ein weiterer Gewinn hinzu: Rehe sind keine geselligen Tiere, im Gegenteil, sie sind von Natur aus Einzelgänger. Anders als zum Beispiel Rotwild, Damwild oder Muffel, die gerne zeitenweise in Rudeln leben, will das Reh die größte Zeit des Jahres seine Ruhe haben, auch vor seinen Artgenossen. Wenn es zu viele davon gibt, werden die einzelnen Reviere zu klein und der soziale Stress hemmt die gesunde Entwicklung der einzelnen Tiere. Je niedriger der Rehwildbestand ist, desto weniger Belastung haben die Tiere untereinander, desto weniger Kraft müssen sie aufwenden, um ihre Reviere voneinander abzugrenzen, desto weniger jagen sie sich gegenseitig hin und her und desto weniger Energie verbrauchen sie. Teile unsere Wälder haben sich inzwischen zum wahren Paradies für Rehwild entwickelt.

Führt eine stärkere Bejagung zur Reduzierung des Bestandes, reagieren Rehe darauf mit höherer Fruchtbarkeit und einem besseren Gesundheitszustand. Vor fünfzig Jahren waren Rehwildzwillinge so selten, dass man darüber sprach, wenn man mal welche sah. Heutzutage sind Zwillingsgeburten die Regel geworden. Wie gut es dem Rehwild geht, sehen wir ansonsten an seiner Größe und Masse. Jagdgäste staunen oft, wie mächtig unsere Rehe sind. Das kennen sie von anderen, weniger engagiert bejagten Revieren, nicht.

Den Rehen geht es bei uns im Wald also richtig gut. Er bietet gemischte Nahrung und kleine, überschaubare, offene Areale zum Äsen. Dafür müssen sich die Tiere nie weit von ihrer Deckung wegbewegen. Mit ein paar Sprüngen sind sie wieder im Gebüsch. Besser geht es nicht und das hat sich unter fränkischen Rehen offenbar herumgesprochen. Wir verzeichnen eine vermehrte Zuwanderung von Tieren aus anderen Revieren, was auch schon mal zu Nachbarschaftsstreitigkeiten führen kann.

Wir wollen einen Wald, mit dem wir Geld verdienen, an dem wir uns freuen können und der zugleich Heimat ist für viele kleine Käfer, Spinnen und Pilze. Das klingt zunächst paradox, aber durch einen angepassten Rehwildbestand erreichen wir ein gesundes Gleichgewicht zwischen der Artenvielfalt an wertvollen Bäumen, unserem ökonomischen Ziel, und einem gesunden Lebensraum für das Wild. Es fasziniert uns, zu sehen, dass Ökonomie, Ökologie und Ästhetik keine Gegensätze sind.

Und dennoch hält die Kritik von traditioneller Jägerseite an. Ein Erklärungsversuch: Die Aufmerksamkeit vieler Jäger richtet sich auf männliche Tiere, beim Rehwild ist es der Rehbock. Anders als bei der Gams oder dem Rentier trägt beim Rehwild nur das männliche Tier ein Geweih, das sich zur Trophäe eignet. Auch wenn wir wissen, dass es für den Erhalt des Waldes richtig ist, eine Geiß oder Ricke mit Jungtier zu schießen, erst das Kitz und dann die Geiß, kostet es uns auch Überwindung. Es sind schöne, sympathische Tiere, die in ihrer Anpassungsfähigkeit faszinieren.

Ab September, wenn die Jagdzeit für Geiß und Kitze beginnt, laufen die Jungtiere zwar noch mit der Mutter, werden aber nicht mehr gesäugt und können zur Not auf eigenen Beinen stehen. Die Jungtiere haben keine weißen Flecken mehr und sind optisch kaum von einem erwachsenen Exemplar zu unterscheiden. Mit Walt Disneys „Bambi" haben sie nichts zu tun. Schon weil die Trickzeichner gar kein europäisches Reh kannten und deshalb einen amerikanischen Weißwedelhirsch als Vorbild nahmen. Trotzdem sind es sehr possierliche Tiere und am Anfang der Jagdzeit überlegt man gelegentlich: Will ich jetzt wirklich schießen? Nur, wie wir uns beim Wald über den Zuwachs Gedanken machen, genauso müssen wir über den Zuwachs der darin lebenden Tiere nachdenken. Zur Steuerung der Population versucht man bei jeder Wildart, stark in die Jugendklasse einzugreifen.

Traditionelle Jäger sind darin geschult, sich am Alter des Stückes zu orientieren. Jagt man ausschließlich zu seinem Vergnügen und überträgt sogar seine menschlichen Gefühle auf die Rehe, fällt es schwer, konsequent in die Jugendklasse einzugreifen. Dann konzentriert man sich auf die „alten Männer", drei bis fünf Jahre alte Böcke, die noch dazu Trophäen tragen. Schießt man auf alte Tiere, die im nächsten Winter vielleicht ohnehin eingehen würden, hat man ein individuelles Leiden verkürzt, am Bestand allerdings nichts verändert.

Wir können nachvollziehen, wenn traditionelle Jäger sagen: „Ich schieße lieber nur Rehböcke." Nur, wenn man jagt, um die Verjüngung und den Artenreichtum des Waldes zu verbessern, und dazu auch noch Lebensraum für die Art Wild attraktiv gestalten will, muss man den Bestand im jeweiligen Revier anpassen. Für die Regulierung der Bestandsdichte sind nur die weiblichen erwachsenen Stücke und die Jungtiere ausschlaggebend.

Für jeden Rehbock, der geschossen wird, steht im nächsten Jahr ein Stück weniger im Wald. Für jedes weibliche Reh, das man erlegt, stehen im nächsten Jahr ein bis drei Stücke weniger, nämlich die Geiß selbst und ihre ein oder zwei Kitze, die im nächsten Jahr zur Welt gekommen wären. Für jedes Kitz, das geschossen wird, steht auf dem ersten Blick zunächst ein Stück weniger. Wenn man die potenziellen Nachkommen einrechnet, sieht das Bild anders aus.

Die Rechnung erscheint manchem vielleicht zu mathematisch, geht es doch um Leben und Tod. Ja, es geht um Leben und Tod, allerdings nicht nur für die Rehe, sondern für den ganzen Wald.

Das Problem besteht nicht in der Menge, die das einzelne Reh frisst, sondern dass es sich vorwiegend an den Triebspitzen der jeweils seltensten Baumarten labt.

Einzelschutz oder Zaun – beides aufwändige und teure Maßnahmen gegen Wildverbiss. Wird der Hauptrieb abgefressen, kann kein wertvoller Baum heranwachsen. Durch verstärkte Jagd überleben junge Bäumchen jetzt auch ohne Schutz.

Im Fichtenreinbestand finden Rehe nur wenig bis gar nichts zu fressen. Im Gegensatz dazu wird zum Beispiel eine stillgelegte Rückegasse bei uns zur gut gefüllten Speisekammer, was zu einer vermehrten Zuwanderung von Rehen und zu regelmäßigen Zwillingsgeburten führt.

Jagen für Wald und Wild

Um unsere Waldverjüngung zu schützen, in erster Linie vor Wildverbiss, und um einen erfolgreichen naturnahen Waldbau zu meistern, müssen wir jagen. Daran führt kein Weg vorbei. Aber die Art der Jagdausübung spielt dabei eine wichtige Rolle. Denn: Jagen ist nicht gleich jagen.

Traditionelle Jäger neigen dazu, möglichst viel Zeit im Wald zu verbringen, um dort zu pirschen, anzusitzen und Rehe zu beobachten. Das kann für Menschen erholsam sein, für Rehe ist es schrecklich. Wenn es eins gibt, was das Reh wirklich beunruhigt und was ihm wirklich Sorgen bereitet, ist es, beobachtet zu werden. Das ist unheimlich für das Reh, es macht ihm Angst. Die versetzt es in Stress und das führt zu einem erhöhten Energieverbrauch. Das heißt, das gut gemeinte Beobachten traditioneller Jäger ist für die Rehe sehr unangenehm, genau das mögen sie nicht.

Ein Reh kann sehr genau unterscheiden zwischen Freund und Feind. Bei einer Begegnung mit einem Spaziergänger, der auf seinem Weg bleibt, oder mit einem Waldarbeiter, der mit seiner Motorsäge arbeitet, springt das Reh auch erst einmal ab in die Dickung, aber nach kurzer Zeit kehrt es zurück. Das Reh weiß genau, es hat nichts zu befürchten. All seine Vorfahren und es selbst haben noch nie erlebt, dass ein Mensch mit einer Motorsäge, so laut sie auch ist, dem Reh etwas Böses will.

Was aber dem Reh Angst macht und Stress verursacht, ist ein Mensch, der versucht, sich unauffällig zu verhalten. Also die klassische Beobachtung und das Pirschen. Das Reh weiß nicht, ob der Jäger sich nur an seinem Anblick erfreut oder ob er ihm wirklich an den Kragen will. Diese Unterscheidung kann das Reh nicht treffen und es gerät deshalb vorsichtshalber immer in Panik, wenn es einen Menschen trifft, der versucht, sich heimlich, still und leise zu verhalten. Aus diesen Gründen haben wir uns für ein Intervalljagdsystem entschieden.

Wir erlegen Wild an relativ wenigen Tagen im Jahr, um die Unruhe und den dadurch entstehenden Stress für die Tiere möglichst gering zu halten. Je ruhiger das Wild lebt, desto weniger Energie verbrennt es, desto weniger Hunger hat es, desto weniger Schaden richtet es an.

Wenn uns bei der Einzel- oder Ansitzjagd ein Reh begegnet, es jagdzeitlich das richtige Stück ist und die Sicherheit einen Schuss erlaubt, dann schauen wir, dass wir es mit nach Hause nehmen. Wir beobachten es nicht mehrere Tage, sondern versuchen, es möglichst sofort tierschutzgerecht und schmerzfrei zu töten und zu verwerten.

Wir bemühen uns, sowohl die Einzeljagd, als auch die großen Jagden mit mehreren Teilnehmern auf wenige Tage im Jahr zu konzentrieren – getreu dem Prinzip: Entweder wir jagen, oder wir lassen das Wild in Ruhe. Der Fachbegriff unseres Jagdverhaltens, also des Wechsels von kurzen Phasen intensiver Bejagung zu langen Zeiträumen der Jagdruhe, lautet Intervalljagd. Auf den Punkt gebracht: Intervalljagd bedeutet, entweder intensiv oder gar nicht zu jagen.

Wenn wir jagen, meinen wir es ernst. Wir versuchen, uns dabei an dem Biorhythmus des Tieres zu orientieren, und jagen zu den Zeiten, in denen das Wild viel unterwegs ist, es somit leicht zu sehen und zu bejagen ist. Zum einen besonders zu Beginn der Vegetationszeit Mitte April, wenn der Pflanzenbewuchs im Wald noch so durchsichtig ist, dass eine sichere Bejagung im Wald möglich ist.

Die Jagdzeit für Schmalrehe[18] und Rehböcke startet am 1. Mai. Aufgrund der Klimaerwärmung schlagen die Bäume mittlerweile früher aus. In unseren Wäldern mit dichter Verjüngung, können wir nur sicher jagen, wenn kein Laub an den Bäumen ist. Das heißt: Die klassischen Jagdzeiten passen nicht mehr zu den veränderten und verlängerten Vegetationsperioden. Um weiterhin tierschutzgerecht jagen zu können, plädieren nicht nur wir für die Vorverlegung des Jagdbeginns auf den 1. April. Einige fach- und sachkundige Jagdbehörden haben das erkannt und kommen dem Ansinnen der Jäger nach.

Auch aus Tierschutzgründen ist die Einhaltung der Jagdphasen wichtig. Im Mai ist die sogenannte Setzzeit, da gebären die Rehe ihre Jungen. Nach der Geburt sind die Kitze erst einmal nicht mit der Mutter unterwegs, sondern liegen versteckt im Unterholz. Wir müssen also der erwachsenen Geiß ansehen können, ist sie trächtig, oder führt sie Nachwuchs. Je früher es in der Jagdzeit ist, desto eindeutiger kann man an bestimmten Merkmalen feststellen, dass es ein einjähriges, weibliches Reh ist, das noch kein Kitz haben kann. Der Muttertierschutz ist ein zentraler Punkt, den wir bei der Jagdausübung sehr sorgfältig beachten.

Der nächste Bejagungszeitraum ist der Frühherbst, wenn die Jungtiere schon „offen" sind, also bejagt werden dürfen. Wir warten bis zum Winter und veranstalten unsere Bewegungsjagden erst dann, wenn kein Laub mehr an den Bäumen ist und wir freie Sicht haben. Zu unserer Unterstützung laden wir Familienmitglieder, befreundete Jäger, Treiber und Hundeführer samt Hunden ein. Wir legen großen Wert darauf, unser Wild anständig zu behandeln. Das heißt, wir bitten nur Jäger zu uns, die ihr Handwerk verstehen und den Umgang mit dem Gewehr regelmäßig trainieren.

Bei der frühmorgendlichen Begrüßung erklärt der Jagdleiter der Jagdgesellschaft, welche Sicherheitsregeln zu beachten sind und wie der zeitliche Ablauf sein wird. Wir sind sehr auf Sicherheit bedacht und belehren unsere Gäste jedes Mal aufs Neue und gründlich. Abgesehen davon ist der Positionierungsplan des Jagdleiters hauptverantwortlich für eine sichere und erfolgreiche Jagd. Demzufolge wird jeder Schütze an seinen zugewiesenen Stand geleitet, der möglichst so platziert ist, dass sich die Jäger gegenseitig nicht sehen, geschweige denn gefährden könnten.

Gefährlich bleibt es immer! Ein Schuss trifft auf einen Baum oder bei einem Wildschwein auf einen dicken Knochen, die Kugel wird abgelenkt, fliegt weiter und trifft im schlimmsten Fall einen Teilnehmer. Das ist alles schon vorgekommen. Bei uns, Gott sei Dank, bisher nicht. Wir vertrauen auf ein mehrfaches Netz von Sicherheitsregeln, das wir erstens selbst ausarbeiten und bei dem wir zweitens genau darauf achten, dass dieses auch von allen Teilnehmern eingehalten wird.

Dazu gehört unter anderem, Warnkleidung zu tragen, sich an die vorgegebenen Zeiten zu halten, nur in einem bestimmten Sektor zu schießen, hinter dem Wildkörper über ein natürliches Erdreich als Kugelfang zu verfügen und zwei Mal in die Richtung zu schauen, in die man feuern will. Kurzum, wir brauchen Menschen, mit Jagdleidenschaft einerseits und mit Vernunft und Disziplin andererseits. Viele Schützen kommen gerne zu unseren Jagden, gerade weil alles so gut organisiert ist.

Wenige Treiber und Hundeführer mit gut ausgebildeten, möglichst erfahrenen und *fährtenlauten* Hunden sorgen dafür, dass die Jagd erfolgreich wird. Diese Truppe begibt sich ins Dickicht, laut und auffallend, um das Wild in Bewegung zu bringen. Die motivierten Treiber gehen durch dick und dünn, und haben auch vor einem Brombeerhaufen keine Angst.

Kommen wir jetzt zu einem meiner Lieblingsthemen: dem Jagdhund. Ein Jagdhund ist wertvoll. Er hat einige wichtige Anlagen „in die Wiege gelegt bekommen", zum Beispiel *Wildschärfe*. Bestimmte Verhaltensweisen sind dem Hund entweder angeboren oder nicht vorhanden. Einem Hund, der keine jagdliche Gabe hat, kann man diese auch nicht beibringen. Liegt aber ein gewisses Jagdtalent vor, hat man damit eine gute Grundlage für die Ausbildung. Ein guter Jagdgebrauchshund ist also das Ergebnis sorgfältiger Zucht, monatelanger Erziehung und jahrelanger Erfahrung. Gute Hundeführer und gute Hunde sind gefragte Spezialisten.

Die Jagd mit dem Hund gehört zum Schönsten am Jagdwesen an sich. Zu erleben, dass ein Hund, dem man ein paar Grundlagen beigebracht hat, von allein immer besser wird, ist faszinierend. Was der Hund mit der Nase zu leisten vermag, entzieht sich der Wahrnehmung des Menschen. Irgendwann weiß der Hund mehr als sein Herr und aus dem Verhältnis Ausbilder zu Lehrling wird ein Team, das sich kennt und vertraut. Wenn jemand gerne zu unseren Jagden eingeladen werden will, ist die beste Empfehlung, sich einen guten Hund auszubilden. Ein guter Hund ist bei uns immer willkommen. Ohne Hund jagen wir nicht. Wir wollen möglichst langsame, aber vor allem laute Stöberhunde. Es ist verblüffend zu beobachten, wie nah ein Reh diese an sich rankommen lässt. Es kann hören, wo sich der Hund gerade befindet, kann die Situation einordnen und bei drohender Gefahr seinen Einstand verlassen. Dafür geht es vielleicht hundert Meter weiter und bleibt dort so lange stehen, bis ein Hund oder ein Treiber wieder zu ihm herankommt. Dann geht das „Spiel" von vorne los. Ein guter Hund weiß, dass es keinen Sinn hat, ein gesundes Tier zwei Kilometer zu verfolgen. Der Hund läuft dem Wild vielleicht fünfhundert Meter nach, dann dreht er um, kehrt zurück zu seinem Führer und sucht eine andere Fährte.

Wir arbeiten gerne mit Hunden zusammen, die laut jagen, die langsam jagen und die kurz jagen, die einem Reh für einen kurzen Moment nachgehen und dann umkehren. Wenn das Reh flüchtet, hat es kurzzeitig Stress, findet aber auch schnell wieder zur Ruhe, sobald der Hund die Verfolgung aufgibt. Wir beobachten Rehe, die einen Kreis rennen und sich wieder verstecken. Umso schwerer wird es dann für den Hund, das Reh zu finden, vor allem wenn bereits viele Geruchsfährten bestehen. Wir halten die kurze Stressphase während der Dauer des Treibens für schonender als eine permanente Beunruhigung das ganze Jahr über. Das Faszinierende unserer Jagdmethode ist, dass die Rehe Strategien entwickeln, möglichst ungesehen durch das Treiben zu kommen.

Es geht nicht darum, das Wild in eine bestimmte Richtung zu bewegen, sondern nur, es zum Laufen zu bringen. Deshalb heißt es Bewegungsjagd: Man bringt Bewegung in das Revier. Ziel der Unruhe ist, dass das Wild beim Ausweichen irgendwann einem Schützen vor die Büchse läuft. Das Reh soll möglichst ruhig an dem Ansitz vorbeikommen, so dass der Jäger genügend Zeit hat, das Stück anzusprechen. Ansprechen bedeutet visuell festzustellen: Was es für ein Tier ist? Wie alt ist es? Ist es gesund? Ist es das richtige Stück, von Jagdgesetz und Jagdleitung zum Abschuss freigegeben? Hat die Geiß Kitze? Werden alle Abschusskriterien am Tier erfüllt, steht es im richtigen Winkel? Passt der Kugelfang? Rehe bleiben in unregelmäßigen Abständen stehen; darauf vor dem Schuss geduldig zu warten, macht einen erfahrenen Jäger aus.

Inzwischen verfügen wir über ein gut ausgebautes, engmaschiges Netz mit Ansitzen und haben das Glück, auf viele Helfer – Schützen, Treiber oder Durchgeher – zurückgreifen zu können. So wird bei einer Jagd in kurzer Zeit sehr erfolgreich und tierschutzgerecht der Bestand reduziert und es kehrt danach im Revier wieder Ruhe ein.

Fazit: Wir mögen Rehe. Solange ihre Population dem Ökosystem und der natürlichen Verjüngung unseres Waldes nicht schadet, können viele bei uns leben. Aber wenn wir das Gefühl haben, die Verjüngung des Waldes bekommt durch verstärkten Wildverbiss Probleme, jagen wir intensiver. Als Messlatte für die Jagdintensität zählt das Überleben unserer kleinen Bäume.

Intervalljagd bedeutet, entweder intensiv zu jagen oder dem Wild Ruhe zu gönnen.

Eine Drückjagd ist ein Zusammenspiel von aufwändiger Organisation, einem gut durchdachten Netz von Ansitzen und verantwortungsvollen Teilnehmern.

Gut zu wissen …

Fährtenlaut

Wir bevorzugen bei der Jagd Hunde, die fährten- oder spurlaut sind. Weil sie bei der Arbeit an einer Fährte bellen, wird das Wild gewarnt und in Bewegung gebracht. Und die Jäger hören immer, wo die Hunde gerade sind.

Wildschärfe

Ist ein Hund in der Lage, krankes Rehwild zu finden und zur Strecke zu bringen, spricht man von Wildschärfe. Dazu gehört auch, dass der Hund ein Wildschwein stellen und am Ort halten kann, bis der Jäger kommt.

Unsere großen Bewegungsjagden veranstalten wir im Herbst und Winter.

Alljährlich große Strecken beweisen die hohe Rehpopulation in unseren Wäldern. Sicherheit steht an erster Stelle. Im Bild unten Sicherheitsmarkierung für den Jäger.

Ausflug: Deutsch Langhaar und Co.

Hunde haben in unseren Familien immer eine große Rolle gespielt. Wir sind mit ihnen aufgewachsen, halten eigene und reden gern über sie.

„Jagdhund" ist der Überbegriff für Hunderassen, die unterschiedliche jagdliche Talente haben, zum Beispiel Dackel, Terrier, Retriever, Bracken oder Vorstehhunde. Am liebsten ist uns der Deutsch Langhaar, ein Vorstehhund; er hat sich bei uns sehr bewährt.

Die Mehrzahl der Hunde aus dieser Gruppe wird wahrscheinlich nie bei einer Jagd mitarbeiten. Darum werden bei einigen Hunderassen, zum Beispiel beim Labrador, zwei verschiedene Zuchtziele angestrebt. Wenn man einen Hund als Familien- und Begleithund wünscht, gehört er zur sogenannten Showlinie. Wenn man als Jäger und Hundeführer einen verlässlichen Mitarbeiter sucht, gehört der Hund zur Arbeitslinie. Die Hundetypen unterscheiden sich in Größe, Gewicht und Temperament.

Jagdgebrauchshunde werden für ihren späteren „Beruf" ausgebildet. Bei verschiedenen Prüfungen wird der Hund vorgeführt und von einer Jury beurteilt. Mit dem Bestehen der Jagdeignungsprüfung gilt die Grundausbildung als abgeschlossen.

Hunde haben ein großes Repertoire an Lauten. Sie bellen, knurren, winseln, heulen und so weiter. Für uns wertvoll sind die Lautäußerungen des Hundes bei der Jagd.

Zunächst die stummen Hunde: Sie bellen nicht und sind aus Sicht des Wildes die gefährlichsten, da sie ohne Warnung angreifen. Das Wild flüchtet daher panisch und ist zu schnell, um von den Jägern richtig eingeschätzt und erlegt zu werden. Manchmal bekommen die stummen Hunde eine Glocke umgebunden, aber sie sind für uns auch dann nicht wirklich zu gebrauchen. Solche Hunde wollen wir auf einer Bewegungsjagd nicht haben.

Sichtlaute Hunde geben nur Laut, wenn sie das Reh sehen. Das ist in unseren Wäldern nicht so hilfreich, aber besser als stumm.

Von dem fährtenlauten Hund erhalten wir die beste Jagdunterstützung. Er bellt laut, wenn er an einer frischen Fährte arbeitet, und bringt das Wild in Bewegung. Das Wild läuft dann eine Weile, bleibt stehen und wartet ab, ob der Hund noch folgt. Das ist die Chance für den Jäger.

Dann gibt es die waidlauten Hunde. Sie bellen vor Aufregung, nur weil sie im Wald sind, egal ob sie eine Spur haben oder nicht. Bei der Stöberjagd wollen wir solche Hunde nicht einsetzen.

Entscheidend ist, dass die Art der Lautäußerung angeboren ist. Man kann zum Beispiel keinem waidlauten Hund beibringen nur noch auf der Fährte zu bellen. Bei der Anschaffung eines Jagdhundes achtet man deshalb sehr genau darauf, welche Erbanlagen seine Eltern, und welche jagdlichen Prüfungen sie bestanden haben. Weiteren Aufschluss bekommt man bei der Jugendprüfung des Jagdhundewesens für unausgebildete Junghunde im Alter zwischen einem halben und einem Jahr. Bei ihr werden allein die Anlagen des Hundes beurteilt.

Wir könnten das Thema noch weiter ausführen, aber es ist ja kein Buch über Hunde, sondern über den Wald. Obwohl – beide gehören zusammen: Ohne Hund jagen wir nicht, ohne Jagd wird es keinen zukunftsfähigen Wald geben.

Für unsere Förster sind Hunde unverzichtbar und tägliche Begleiter. Die Auswahl der Rasse ist eine persönliche Entscheidung. Oben: Sepp Cetinköprülü mit Ardennenbracke Björn. Linke Seite oben: Christoph Arndt mit Jagdterrier Edgar und Brandlbracke Hektor, David Möcker mit Weimaraner Artemis. Linke Seite unten: Uwe Reißenweber mit Deutsch Langhaarhündin Ami.

Ohne Hunde jagen wir nicht

Es ist eine ernste Angelegenheit, auf Tiere zu schießen. Tiere sind Lebewesen und keine Zielscheiben. Jeder Jäger trägt daher eine große Verantwortung. Bei aller Sorgfalt kann es trotzdem vorkommen, dass ein Schuss nicht sofort tödlich sitzt, weshalb eine Nachsuche nötig wird.

Die Nachsuche ist ein Puzzle aus Erfahrung, umfassender Kommunikation innerhalb der Jagdgesellschaft und gut ausgebildeten Hunden. Ihr gehen verschiedene Szenarien voraus.

Manchmal liegt das Reh nicht da, wo es beschossen wurde. Erfahrene Jäger merken sich anhand von Bäumen oder Grasbüschel die Stelle, an der das Reh beim Schuss stand, und suchen dort nach Spuren des Rehs, zum Beispiel Haare, Knochensplitter oder „Schweiß", sprich Blut. Wenn der Schütze den sogenannten Anschuss findet, kann er vieles davon ablesen: Länge und Farbe der Haare zeigen, ob das Tier eher am Lauf verletzt ist, dann sind die Haare sehr kurz und braun. Oder es finden sich längere und weiße Haare, dann ist das Tier am Bauch getroffen. Die Schweißfarbe gibt Aufschluss darüber, ob es ein Lungenschuss war, dann ist das Blut sehr hell. Ist es dunkler, wurde wohl ein Muskel getroffen. Wenn der Jäger viel Lungenschweiß findet, sieht er zwar einerseits, dass sein Schuss nicht sofort tödlich war, andererseits führt ihn die Blutspur schnell zum Reh, das dann bereits verendet ist.

Die schwierigste Nachsuche wird nötig, wenn kein Anschuss zu finden oder dieser nicht eindeutig lesbar ist. Dann markiert der Schütze die Stelle und geht wieder, um nicht länger die Spuren des Rehs zu verwischen. Er informiert seinen Ansteller[19], der den Anschuss erneut überprüft. Kommt auch er nicht zu einem eindeutigen Ergebnis, werden alle Informationen zu dem Vorfall am Sammelpunkt zusammengetragen. Der Jagdleiter wählt einen Hundeführer aus und weist ihn ein: Welches Tier gesucht wird, von welchem Stand geschossen wurde, an welchem Platz

es verletzt wurde, wie der Anschuss aussieht, an welcher Körperstelle es wahrscheinlich verletzt wurde, ob und wo es von einem anderen Jäger oder Teilnehmer nach dem Schuss gesichtet wurde.

Der Hundeführer geht mit seinem Hund auf die Suche nach dem verletzten Tier. Hierbei sind Besonnenheit und Geduld gefragt. Das Ziel einer Nachsuche ist, jedes kranke Stück gewissenhaft von seinem Leid zu erlösen. Auch deshalb jagen wir nicht, wenn uns kein guter Hund zu Verfügung steht.

Der Ahorn

Der Ahorn (Acer) kommt bei uns in verschiedenen Gattungen vor, besonders häufig der Bergahorn. Da seine Samen Flügel tragen, werden sie vom Wind weit transportiert und können sich über große Entfernungen verbreiten. Auf dem Foto eine Naturverjüngung mit dem Mutterbaum „X". Damit ist absehbar, dass der von der Fichte dominierte Bestand in der nächsten Generation einen größeren Anteil Bergahorn haben wird.

Bayern und der Rehbock, eine endliche Geschichte?

Ferdinand Fürst zu Castell-Castell

Auch in unserer Familie wurde bis vor wenigen Jahrzehnten sehr traditionell gejagt. Trophäen waren wichtig. Die trophäenlosen weiblichen Rehe wurden nur in geringer Anzahl ausschließlich vom Forstpersonal bejagt. Umso dankbarer sind wir unseren Vätern, dass sie früh die Zeichen der Zeit erkannt und die jagdliche Ausrichtung geändert haben. Sie gaben lang gewohnte und liebgewonnene Einstellungen für die Zukunft des Waldes auf. In der Familie und ihrem Freundeskreis stießen sie damit nicht immer auf Zuspruch. Trotz aller Widerstände: Der Wald steht seitdem bei uns an erster Stelle, und auch wenn sich die Jagd der Zukunft des Waldes unterordnet, jagen wir immer noch mit viel Freude.

Große Jagden richten wir grundsätzlich im Winter aus, wenn das Laub gefallen ist und laut Jagdgesetz die weiblichen Rehe „offen" sind. Das heißt: Ihr Abschuss ist erlaubt. In den meisten Bundesländern unserer Republik ist zur gleichen Jahreszeit auch der Rehbock „offen", in Bayern hat er indessen Schonzeit und darf laut Gesetz nicht geschossen werden. Die Idee, die dahintersteckt, ist einzig der Wunsch nach der Trophäe. Dazu muss man wissen, dass der Bock sein Gehörn im Herbst abwirft und es anschließend wieder nachwächst. Wildbiologisch gibt es aber keinen Grund, einen Rehbock im Winter nicht zu schießen, da er an der Aufzucht der Kitze nicht beteiligt ist.

Es fehlt jeglicher sachliche Grund, mich als Waldbewirtschafter und Jagdausübungsberechtigten daran zu hindern, Rehböcke auch im Winter zu schießen. Wir fordern deshalb, den Rehbock im Winter zu „öffnen", auch im Freistaat Bayern. Wir möchten nur die Freiheit haben, dass jeder Waldbesitzer, Jäger oder Pächter selbst entscheiden kann, ob er einen Rehbock im Winter schießen will, oder nicht. Nicht mehr, aber auch nicht weniger.

Wir haben eine lange Jagdtradition revidiert, denn wir stecken mitten in der Jahrhundertkrise des Waldes und ich kann es nicht oft genug wiederholen: Konsequente Jagd ist unentbehrlich beim Aufbau eines zukunftsfähigen, artenreichen und stabilen Waldes. Warum in Bayern immer noch an der eingeschränkten Jagd auf Rehböcke festgehalten wird, und der Bayerische Jagdverband seine Einstellung gegenüber dem naturnahen Waldbau nicht ändert, ist mir unverständlich. Darf man nur mit angezogener Handbremse jagen, wird der Waldumbau massiv behindert. Eigentlich müsste man die Jäger zum Jagen tragen! Inzwischen haben wir immerhin erreicht, dass der versehentliche Abschuss eines Rehbocks auf einer Drückjagd im Winter nicht mehr bestraft wird.

Noch eine bayerische Ausnahme: Wir sind per Gesetz dazu verpflichtet, von jedem Rehbock, den wir schießen, auf eigene Kosten die Schädeldecke mit Gehörn absägen, auskochen und präparieren zu lassen. Das alles nur, um die Trophäe dann einmal jährlich bei den sogenannten Hege- oder Trophäenschauen dem Bayerischen Jagdverband vorzustellen; bei einem Verein also, bei dem ich nicht einmal Mitglied bin. Das Impertinente dabei: Wenn ich mich dem verweigere und meine Trophäen nicht hinschicke, riskiere ich ein Bußgeld des Landratsamtes.

Ich muss nicht von jedem Karpfen, den ich fange, ein Foto zur Begutachtung schicken. Auch Füchse, Hasen oder Enten werden nicht offiziell begutachtet. Lediglich für Geweih tragende Tierarten wie Reh- oder Damwild fordert der Bayerische Staat einen Nachweis über die Trophäe. Ich persönlich interessiere mich nicht besonders für Trophäen und noch weniger für die Schauen. Ich verstehe nicht, warum ich keine Rehböcke im Winter schießen darf. Mit dieser Meinung stehe ich nicht allein. Johann Killer, der Vorsitzende der Waldbesitzervereinigung Wolfratshausen, hat das einmal so zusammengefasst: „Nicht nur der Bayerische Waldbesitzerverband, auch der Bauernverband, die ARGEe20 Jagd, der Ökologische Jagdverband und die großen Umweltschutzverbände lehnen die verpflichtende Trophäenschau ab. Zumal Trophäen weder Auskunft über die Gesundheit des erlegten Tieres noch über den Zustand der Rehwildpopulation geben. Der zunehmenden, gesellschaftlichen Kritik an der Jagd stellen wir lieber einen gesunden zukunftsträchtigen Wald gegenüber, der ohne Jagd nicht realisierbar ist, als eine unzeitgemäße Trophäenschau."[21]

Wir jagen nicht für Trophäen, sondern damit unsere Wälder gesund, stabil, zukunftsfähig, arten- und ertragreich wachsen können. Dass Rehe einen gesunden Lebensraum erhalten und um qualitativ hochwertiges Fleisch zu beschaffen. Außerdem jagen wir gerne allein, mit Freunden oder im Familienkreis.

Ziemlich unbekannt ist die Tatsache, dass die verpflichtende Trophäenschau aus den 1930er Jahren stammt. Damals herrschte die Meinung, dass ein Wildtierbestand bewirtschaftet werden sollte. Zuchtauslese, wie bei Rindern, Schafen oder Schweinen üblich, wollte man auf Wildtiere übertragen. Einfach gesagt: Entnimmt man die „schlechteren" Exemplare, werden die „besseren" übrigbleiben. Durch die Selektion sollten sich nur noch die Träger der größten Geweihe vermehren.

Heute weiß man, dass das Futter erheblich größeren Einfluss auf Gesundheit, Größe, Vitalität und Gewicht des Tieres hat, als dessen genetische Herkunft. In den 1930er Jahren war das nicht bekannt. Das Gesetz zur Trophäenpflicht existiert in Bayern dennoch bis heute.

Ein weiteres bayerisches Relikt ist der sogenannte Abschussplan für Reh-, Rot-, Dam- und Muffelwild, den die Untere Jagdbehörde erstellt und beaufsichtigt. Das führt zu viel Bürokratie und einem enormen Verwaltungsaufwand, auch auf unserer Seite.

Die Untere Jagdbehörde will sich mit dem Abschussplan jedes Jahr einen Überblick über den Wildbestand und das Geschlechterverhältnis verschaffen. Das Verfahren stammt aus einer Zeit, als nach dem Zweiten Weltkrieg das Rehwild sehr rar war und man einen neuen Bestand aufbauen wollte. Das gilt heute nicht mehr. Wir können unsere Rehe im Dickicht nicht sehen, geschweige denn zählen. Die Rehpopulation hat so zugenommen, dass wir nur noch Schätzungen über den Bestand abgeben können. Der Abschussplan liegt erfahrungsgemäß weit unter dem tatsächlichen Zuwachs.

Es ist viel sinnvoller, Rehwildbestände nach den natürlichen Gegebenheiten zu bewerten. Wie ist der Zustand des Waldes? Wie viel muss ich schießen, um die Bestandsdichte zu reduzieren und damit den Lebensraum für die Tiere attraktiver zu machen? Es kann wesentlich mehr geschossen werden, ohne die Rehwildpopulation zu gefährden.

Andererseits: Tiere, die vom Aussterben bedroht sind, wie Hase oder Rebhuhn, werden behördlich nicht reguliert. Ich dürfte so viele Hasen und Rebhühner schießen, wie ich will. Dazu gibt es keine staatliche Vorgabe oder Planung. Dennoch schone ich sie in unseren Revieren. Ich persönlich jage gerne Hasen und auch die Jagd auf Rebhühner ist eine feine Sache. Dennoch schonen wir beide Wildarten freiwillig, da sie in unseren Revieren selten sind, viel seltener als Rehe.

Die Ungleichstellung der Wildarten im Jagdgesetz ist schwer verständlich. Vielleicht mit ein Grund, warum dieses Verfahren bis heute bereits in den meisten Bundesländern abgeschafft wurde. Der freiwillige Kontrollverlust der Behörden zeigt, dass man seiner Jägerschaft vertraut. Sie geht verantwortungsvoll mit dem Wildbestand um und schießt nicht auf alles, was bei drei nicht schnell genug hinterm Baum steht.

Im Prinzip werden die bayerischen Abschusspläne nicht einmal kontrolliert. Nur die Zahl der erlegten Rehböcke wird anhand der Trophäen bei der Schau nachgezählt. Dabei ist die Abschussquote eine Größe, die für die Zukunft des Waldes von existenzieller Bedeutung ist. Deshalb sollte die Steuerung des Rehwildbestandes auch dem Bewirtschafter des Waldes allein überlassen sein.

Wir bejagen den Wald seit hunderten von Jahren. Er ist Eigentum unserer Familien. Bewirtschaftung und Jagd liegen in einer Hand. Ich bin für die Zukunft meines Waldes und seines Rehwildbestandes verantwortlich. Wie viele Rehe dafür auf einer Fläche erlegt werden müssen, möchte ich daher nach dem Zustand des jeweiligen Revierteils bestimmen. Es besteht keine Notwendigkeit, Abschusszahlen von einem Gremium erlaubt beziehungsweise vorgeschrieben zu bekommen, welches die örtlichen Verhältnisse weniger gut kennt als der Bewirtschafter. Der Abschussplan gehört entbürokratisiert, mit vernünftigen Mindestabschussraten versehen, oder ganz abgeschafft. Meinungen von Gremien, Jagdnachbarn oder selbsternannten Fachleuten sind zu unseren Abschüssen nicht weiter gefragt.

Noch ein Aspekt, warum die Jagd auf Rehböcke wichtig ist. Im Winter fängt das von traditionellen Jägern begehrte Gehörn der Böcke an zu schieben. Mit Bast überzogen wachsen die Stangen, bis sie im Frühsommer ihre endgültige Länge erreichen. Den absterbenden und überflüssigen Bast will der Bock jetzt so schnell wie möglich loswerden. Das erledigt er am liebsten an kleinen, jungen Bäumen, um damit gleichzeitig sein Revier zu markieren. In der Jägersprache nennt man das Fegen, wenn der Bock sein Gehörn gegen die Äste und Stämme schlägt, um den überflüssig gewordenen Überzug loszuwerden. Wie auch beim Fressen bevorzugt der Bock dabei selten vorkommende Baumarten, die sein Fegen leider oft nicht überleben.

Wenn ich während unserer Bewegungsjagd, also im Winter, wenn der Rehbock kein Gehörn trägt, viele Tiere sauber, tierschutzgerecht und gut verwertbar erlegen will, verpasse ich beim Ausschließen der Böcke eine Menge Schussmöglichkeiten. Will ich sicher sein, dass ich keinen Rehbock erwische, muss ich mir das Tier genau anschauen. Sicher identifizieren kann ich einen Bock ohne Gehörn nur, wenn ich das Tier von hinten sehe. Der „Spiegel", ein heller Fleck am Hinterteil, ist beim weiblichen Tier herzförmig ausgebildet mit einem Haarbüschel in der Mitte. Das weiße Hinterteil des Bocks dagegen ist nierenförmig. Um das Reh sicher anzusprechen, muss ich im wahrsten Sinn des Wortes warten, bis es mir den Hintern zuwendet. Dann ist es meistens zu spät für einen sicheren Schuss. Hätte der Rehbock beispielsweise blaue Ohren und die Geiß rote, könnte ich sie sofort unterscheiden und hätte keinerlei Probleme damit, ihn laufen zu lassen.

Aus Tierschutzgründen und um der Verwertung willen, möchte ich das Reh von der Seite sehen. Nur dann kann ich das großflächige sogenannte Blatt anvisieren. Es ist leicht und gut zu treffen. Der „Blattschuss“ in Herz oder Lunge lässt den Kreislauf sofort zusammenbrechen, für das Wild der schnellste Tod. So erlegt, bleiben Schlegel, Rücken und Keulen intakt und das Reh ist als Wildbret gut verwertbar.

Zur Vertiefung des Gedankens: Nehme ich beispielsweise an Jagden in anderen deutschen Bundesländern teil, wo kein Unterschied gemacht wird zwischen Geiß und Bock, kann ich mich bei meiner Entscheidung, zu schießen, allein auf das Ansprechen konzentrieren: Welches Reh ist jung, alt oder krank? Welches ist ein führendes Muttertier? Wie passt der Kugelfang? Ist alles sicher? Bedauerlicherweise bildet Bayern mit seiner Schonzeit des Rehbocks über den Winter eine rückständige Ausnahme unter den Bundesländern.

Konsequente Jagd ist unentbehrlich beim Aufbau eines zukunftsfähigen, artenreichen und stabilen Waldes.

Nur am „Spiegel“ ist ein Reh eindeutig als Geiß (kleines Foto) …

… oder als Bock (oben) sicher anzusprechen.

In unseren Wäldern mit dichter Verjüngung, können wir nur sicher jagen, wenn kein Laub an den Bäumen ist.

Fegespuren eines Rehbocks.

Leben in Freiheit bis zum Schuss

Ferdinand Fürst zu Castell-Castell

Wenn man Wald zukunftsträchtig bewirtschaften will, dann gehören Forstwirtschaft und Jagd in eine Hand. Das ist nicht überall der Fall, weil viele Waldbesitzer ihr Jagdrecht verpachtet haben. Es ist ein wesentlicher Unterschied, ob jemand im Interesse des Waldes jagt oder ob ein Jäger gerne seine Freizeit im Wald verbringen will und ab und zu ein Stück erlegt.

Ein Jagdpachtvertrag wird, je nach Wildart, für neun oder zwölf Jahre vergeben. Der Pächter hält in dieser Zeit die jagdliche Regie, und neigt häufig dazu, sein Augenmerk auf das Wild zu legen, „sein" Wild für die Zeit seiner Pacht. Der Verpächter kann währenddessen keinen direkten Einfluss auf den Wildbestand nehmen.

Ein Waldbesitzer dagegen wird die Zukunft des Waldes im Auge haben, mit dem Wild verantwortungsvoll umgehen und bei seiner Arbeit immer die langfristige Perspektive von Pflanzen und Tieren berücksichtigen. Der fundamentale Unterschied zwischen einem pachtenden Jäger und einem jagenden Waldbesitzer liegt im zeitlichen Horizont: Der Pächter denkt häufig kurzfristig, der Waldbesitzer muss langfristig denken.

Um die volle Kontrolle über unseren Wald und die Jagd wiederzuerlangen, haben wir nach und nach alle Flächen aus der Verpachtung genommen. Aber wir vergeben „Begehungsscheine". Das hat gravierende Vorteile gegenüber der Verpachtung: Ein Begehungsschein gilt nur für ein Jahr, der Waldeigentümer kann die Jagdbedingungen individuell regeln und jährlich den Bedürfnissen des Waldes anpassen. Für uns sind Jäger mit Begehungsschein äußerst wichtig. Sie jagen in unserem Sinn, sie unterstützen effektiv unsere Aufgabe und sie tun das aus Überzeugung.

Kitz und Geiß im roten Sommerfell.

Für unsere Familie gehört die Jagd ganz selbstverständlich zum Leben. Inzwischen haben meine älteren Kinder selbst ihren Jagdschein und wir jagen zusammen. Das heißt, auch meine Kinder arbeiten bereits bei der Umgestaltung unseres Waldes mit – für sich, für ihre Kinder, meine Enkel.

Wir essen gerne selbst Wild, und das nicht nur, weil unser Silvaner vorzüglich dazu schmeckt. Der größte Teil des Erjagten aber wird entweder direkt an Verbraucher verkauft oder an die örtliche Gastronomie und Händler abgegeben. Im Vergleich zu Mastvieh haben unsere Rehe ein freies Leben. Sie werden im Wald geboren, wachsen artgerecht bei der Mutter auf, und leben unter idealen Bedingungen bis zum Schuss. Im Gegensatz zu landwirtschaftlich gehaltenem Schlachtvieh sehen Rehe in ihrem Leben keinen Tierarzt, keinen Viehtransporter, keinen Schlachthof. Für viele Menschen, die bewusst und unter Berücksichtigung des Tierwohls Fleisch essen wollen, ist Wildbret eine magere, gesunde und wohlschmeckende Alternative.

Wir jagen nicht, um damit direkt Geld zu verdienen. Die Einnahmen aus dem Wildbretverkauf decken bei weitem nicht die jährlichen Ausgaben für die Jagd. Allein der Bau und die Instandhaltung der Hochsitze sind kostenintensive Aufgaben der Waldarbeiter.

Der finanzielle Aufwand liegt aber bei weitem unter dem zu erwartenden „Gewinn“, nämlich damit den Weg freizumachen für artenreiche und wertvolle Wälder. Wir sehen die Jagd als langfristige Investition, die eine gute Rendite verspricht.

> Konsequente Jagd ist unentbehrlich beim Aufbau eines zukunftsfähigen, artenreichen und stabilen Waldes.

DAS HOLZ

Die Douglasie

Die Douglasie (Pseudotsuga menziesii) ist Mitte des 19. Jahrhunderts aus Nordamerika in Europa eingebürgert worden. Sie hat ähnlich gute Holzeigenschaften wie die Fichte, ist aber etwas witterungsbeständiger und eignet sich daher sehr gut für den Hausbau oder Außenanlagen wie zum Beispiel Terrassen. Ich liebe den Geruch der Douglasie: Wenn man die Nadeln in der Hand zerreibt, riechen diese nach Zitrusfrüchten.

Mein Revier Oberschönau

Otto Fürst zu Castell-Rüdenhausen

Mein Revier Oberschönau liegt im südlichen Thüringer Wald im Landkreis Schmalkalden-Meiningen. Die östliche Begrenzung des Reviers ist der legendäre Rennsteig, Deutschlands ältester, bekanntester und beliebtester Höhenwanderweg im Thüringer Wald. Mit etwa hunderttausend Wanderern jährlich ist er der meistbegangene Weitwanderweg Deutschlands. In der direkten Nachbarschaft liegt Oberhof, das bekannte Wintersportzentrum für Biathlon, Rennrodeln beziehungsweise Bobsport, Skilanglauf und die Nordische Kombination.

Viele Wanderwege und im Winter Loipen führen auch durch unser Revier. Ein touristischer Höhepunkt ist das Flächennaturdenkmal „Hoher Stein" mit einem Panoramablick über die umliegenden Berge bis weit in die Rhön. Ich finde das Revier Oberschönau hochinteressant und wunderschön.

Die höchsten Gebiete liegen neunhundert Meter über Normalnull. Fast die Hälfte der kompakten Flächen sind Steillagen, mit Felsenformationen durchsetzt. Die Bewirtschaftung ist aufgrund von Geologie und Höhenlage deutlich schwieriger als in den fränkischen Revieren.

Bevor der Mensch vor circa zweihundert Jahren massiv in den Wald eingriff und in Thüringen, wie in vielen anderen Teilen Deutschlands auch, die Fichte als Hauptbaumart kultivierte, herrschte hier Bergmischwald vor, mit Fichte, Weißtanne, Bergahorn und Buche. Einen ähnlichen Mischwald wollen wir wieder rekultivieren und um weitere Baumarten ergänzen, beispielsweise die Bergulme, Linde oder Wildkirsche.

Als mein Vater, Johann-Friedrich Fürst zu Castell-Rüdenhausen, 2005 das Revier erwarb, bestand der Wald zu siebenundneunzig Prozent aus Fichte. Der Rest verteilte sich auf die Baumarten Eberesche, Bergahorn, Lärche und Buche. Daran hat sich bis heute nicht allzu viel geändert.

Auch in Thüringen ist der Klimawandel inzwischen sichtbar. Die Fichtenreinbestände kommen mit der Klimakrise nicht gut zurecht, obwohl wir, im Vergleich zu Franken, fast die doppelte Niederschlagsmenge haben und die Temperatur im Jahresmittel ein bis zwei Grad tiefer liegt.

Zunächst entstanden in den letzten Trockenjahren nur kleine Käferlöcher im Wald, die verschmerzbar sind und sich von allein wieder schließen werden. Es hat sich aber gezeigt, dass gerade die älteren Fichtenbestände durch die Trockenheit mehr gelitten haben, als zunächst angenommen. In den letzten drei Jahren sind die Schäden durch den Borkenkäfer dann geradezu explodiert. Hatten wir 2018 und 2019 jeweils fünfhundert Festmeter Schadholz, waren es 2020 bereits zweitausend Festmeter. 2021 verdoppelte sich die Schadmenge dann noch einmal: 4.500 Festmeter alte Fichten, in Folge der Trockenheit vom Borkenkäfer in kürzester Zeit „rausgefressen". Diesen neunfachen Anstieg an Käferholz binnen vier Jahren erklären wir uns so: Die für eine Wasseraufnahme wichtigen Feinwurzeln wurden während der Trockenjahre irreparabel geschädigt, und gerade die älteren Fichten hatten dann keine Energie mehr zur Regeneration.

Nach dem Schlagen und Abfahren des Käferholzes standen wir auf bis zu zwei Hektar großen Kahlflächen mit charakteristischem Freiflächenklima. Das heißt, eine Beschattung durch benachbarte Bäume gibt es nur noch an den Rändern solcher Korridore. Im Kern wird die Fläche bei sonnigem Wetter den ganzen Tag über beschienen. Im Winter hält sich dagegen die Kaltluft länger und die Gefahr von Spätfrösten wächst bis in den Juni hinein. Die negativen Auswirkungen von Hitze und Kälte sind auf einer freien Fläche deutlich höher als in einem Bestand. Solche Flächen neu zu bepflanzen, ist finanziell und arbeitstechnisch sehr schwer zu stemmen. Dennoch: In den Hochlagen unseres Reviers bildet die Fichte die Hauptbaumart der natürlichen Waldgesellschaft. Im Gegensatz zu Franken spielt sie weiterhin eine Rolle in unserem Baumartenportfolio für dieses Revier. Aber leider sind die Fichten im Revier Oberschönau nicht standortgerecht ausgewählt. Als in der DDR die Fichten gepflanzt wurden, hat niemand auf deren Herkunft Rücksicht genommen. Fichte war Fichte. Nur: Neunhundert Höhenmeter Mittelgebirge entsprechen klimatisch 1.200 Höhenmetern im Hochgebirge. Fichtensamen aus niedrigeren Lagen zu nehmen und im Mittelgebirge Thüringens auszubringen, war nur auf den ersten Blick richtig. Die ausladende Wuchsform der Tieflandfichten hält den Schneemassen in den Bergen schlecht stand. Deshalb geht es uns heute darum, neben der Einbringung der Baumarten des Bergmischwaldes und der Ergänzung weiterer geeigneter Baumarten, die Fichten mit falscher Provenienz durch standortheimische Fichten zu ersetzen. Standortheimisch heißt, die Samen sind den Bedingungen vor Ort am besten angepasst.

Im Thüringer Wald gibt es noch Restbestände von Fichten mit Hochlagenherkunft. Wir selbst haben aber keine samenfähigen „richtigen" Bestände. Weiter bleibt die Frage, ob diese Bäume dann auch mit der Klimaerwärmung zurechtkommen. Wissenschaftler gehen davon aus, dass sich die Gene der Pflanze an das Klima anpassen und die Nachkommen besser akklimatisiert sein können als die Eltern. Wir wissen nicht, ob unsere standortheimischen Fichten bisher eine Notwendigkeit darin sahen, ihr Erbgut zu verändern, oder ob die standortfremden Fichten ihre Gene der Höhenlage über die Zeit angepasst haben. Wir können die Entwicklung der Fichten beider Herkunftsarten nur weiter beobachten.

Spannend finde ich im Zuge der Klimaerwärmung den „anderen" Waldumbau in Oberschönau. Wir verfolgen hier einen der Lage angepassten Plan, der sich folglich von dem in Franken unterscheidet.

Unser waldbauliches Ziel in Franken ist, den Mischwald aus vorhandenen Baumarten mit standortangepassten Arten zu ergänzen. Standortangepasst heißt: Die Pflanzen kommen im Bestand noch nicht vor, könnten aber mit den Böden und dem Klima zurechtkommen. Hierzu gehören zum Beispiel die Esskastanie oder der Baumhasel, beide wachsen noch nicht lange in Franken, passen aber klimatisch und bodenspezifisch hierher. Wir können im Fränkischen mit zwanzig bis dreißig standortangepassten Baumarten arbeiten.

In Thüringen müssen wir dagegen einen stabilen Bergmischwald erst wieder aufbauen. Die Baumarten sind aufgrund der Höhenlage in Oberschönau auf nur sieben bis acht Wirtschaftsbaumarten begrenzt. Dazu kommen Bäume, die eine rein ökologische Funktion übernehmen. Konkret bringen wir zur Fichtennaturverjüngung die Weißtanne und den Bergahorn in kleinen Gruppen mit ein, damit diese Samenbäume werden können und sich dann in dreißig Jahren auch in der Naturverjüngung wieder finden. Neben der Fichte verjüngen sich bereits die Buche, Birke und Vogelbeere natürlich. Die Naturverjüngung zu sichern, ist aber noch eine jagdliche Aufgabe in den nächsten Jahren. Darüber hinaus wollen wir an geeigneten Standorten weitere Baumarten wie zum Beispiel Bergulme und Wildkirsche mit einbringen

Wir haben auch größere Buchenpflanzungen, mussten allerdings in den fast fünfzehn Jahre alten Beständen erfahren, dass sie stark mit dem Frost kämpfen. Buchen werden zu „Apfelbäumen". Das heißt: Ab einem Meter Höhe verzweigen sie sich massiv. Aus wirtschaftlicher Sicht ist ein solcher Baum damit wertlos. Aber wenn in den Hängen in einer lockeren Entfernung einige Buchen stehen, deren Blätter Schatten spenden und Nährstoffe bei der Verrottung bilden, lassen wir sie gerne als ökologische Einmischung stehen.

An stark besonnten Hängen experimentieren wir mit Baumhasel, Feldulme, Spitzahorn, Speierling oder Birnbaum, alles auf kleinem Terrain und in Maßen. Wir denken dabei auch an unsere Nachfolger, die dann in dreißig bis vierzig Jahren das Ergebnis sehen, beurteilen und in ihre Entscheidungsfindung mit einbeziehen können.

Je höher wir im Revier aufsteigen, desto geringer werden die Mischbaumartenanteile und desto beachtlicher sind die Nadelbaumanteile, bis hin zu einem Anteil von hundert Prozent Fichte auf dem Plateau. Sie fühlt sich wohl dort oben, einzig die Vogelbeere steht ihr als natürliche Gesellschaft zur Seite. Es ist nur logisch, dass wir hier oben vorwiegend Nadelbäume, in erster Linie Weißtanne, Lärche und Fichte, mit der richtigen Herkunft einbringen und uns beim Laubholz auf Buche und Bergahorn als ökologische Beimischung beschränken.

Das Revier Oberschönau wurde bis zur Wende als Jagdrevier geführt und traditionell im Kahlschlagverfahren bewirtschaftet. Das feudale Jagdsystem der DDR hatte zum Ziel, möglichst viele große Jagdtrophäen für die damalige politische Elite heranzuziehen. Die überhöhten Rotwildbestände führten zu fast hundert Prozent Schälschäden an den Bäumen. Schälschäden kommen zustande, wenn das Wild im Laufe des Winters die Rinde auf einer Höhe von eineinhalb Meter als Nahrung abknabbert. Die Verletzungen werden von einem Pilz befallen, der sogenannten Rotfäule, der wiederum große Schäden am Baum verursacht.

Hinzu kommt eine weitere Besonderheit des Reviers: Das Wild zieht im Winter aus den unwirtlichen Höhen in die tieferen Lagen, denn in Dorfnähe lässt es sich etwas angenehmer leben. Wenn der Schnee langsam vom Tal nach oben wegtaut und die ersten Pflänzchen dabei vom Schnee befreit werden, wandert das Wild mit dem abtauenden Schnee wieder in die höheren Lagen und nutzt die freiwerdende Verjüngung als willkommene Äsung. Zunächst haben wir versucht, diesen Effekt durch Fütterung von Heu zu verhindern. Damit hatten wir allerdings keinen Erfolg. Das Wild verließ trotzdem mit dem abtauenden Schnee die Fütterungen, zog in die höheren Lagen und knabberte die vom Schnee freiwerdenden Bäumchen an. An der Fütterung selbst hatten wir immer wieder verendetes Wild gefunden. Soziales Gerangel und das erhöhte Kotaufkommen im Umfeld der Fütterung führten dazu, dass es Verlierer gab und sich Krankheiten und Parasiten, wie der Leberegel, ausbreiten konnten. Deshalb stellten wir die Fütterung ein, wir wollten die Tiere wieder verteilt auf das Revier wissen, sie sollten nicht gezwungen werden, an der Raufe ums Futter zu kämpfen oder sich dort anzustecken. Wir füttern nur noch zu, wenn die Behörde eine Notzeit festgestellt hat. Ansonsten hat es das Wild auch ohne den Menschen geschafft, durch den Winter zu kommen. Wir vertrauen hier auf den Instinkt der Wildtiere. Seit Einstellung der Fütterung haben wir kein Fallwild[22] mehr aufgrund von Krankheiten gefunden.

Wir haben nun den Wildbestand zumindest so weit angepasst, dass wir erste Erfolge in der Naturverjüngung mit Fichte, Buche, Vogelbeere und Birke sehen können. Wir haben sogar Eichen- und Bergahornpflänzchen gefunden. Langsam können wir das Potenzial erkennen, aber leider schaffen viele Pflänzchen es noch nicht, so weit in die Höhe zu wachsen, dass sie nicht mehr weggefressen werden können. Die Regulierung der Wildbestände wird uns auch in Zukunft beschäftigen, um den konzentrierten Frühjahrsverbiss großflächig zu verteilen und damit zumindest einem Teil der Verjüngung eine höhere Wachstumschance zu bieten.

In Oberschönau können wir nicht die ganzen 680 Hektar auf einen Schlag mit Mutterbäumen bepflanzen, die vielleicht in vierzig Jahren Samen werfen. Finanziell und arbeitsorganisatorisch ist das für uns nicht möglich. Wir versuchen deshalb mit strategischen Mitteln Einfluss zu nehmen: Zum Beispiel beobachten wir in kleinen eingezäunten Flächen, welche Pflanzen in der Naturverjüngung aufgehen. Oder wir legen Samenbaumgruppen vorgelagert im Westen an, damit der Westwind die Samen mitnehmen und über das Revier verteilen kann.

Wir werden in Thüringen langsamer zum Erfolg kommen als in Franken. Aufgrund der Wuchsbedingungen und der um circa vier Wochen kürzeren Vegetationsperiode geht alles langsamer. Das gibt uns aber auch mehr Zeit, mit waldbaulichen Maßnahmen auf den Klimawandel zu reagieren.

Wenn ich die Reviere in Franken mit dem Revier Oberschönau vergleiche, fällt als Erstes auf, dass wir zwar in Thüringen beim Waldumbau dreißig Jahre hinterherhinken, aber trotzdem noch die Chance haben, einen zukunftsfähigen Wald aufzubauen. Zweitens liegen die Wälder in zwei unterschiedliche Welten – klimatisch, geologisch, ökologisch und biologisch – mit ihrer jeweils eigenen Herausforderung. Bei allen Unwägbarkeiten arbeiten wir daran, den Charakter der Reviere zu erhalten.

In Oberschönau wird das Nadelholz viel länger Bestand haben als in Franken, das – wie wir gelernt haben – als Standort für die Fichte nicht taugt. Wir werden die Fichte aber nach einem Totalausfall in Franken nicht aus unserem Angebot streichen müssen. Das Revier Oberschönau erweitert und ergänzt unser Portfolio an Baumarten und an Artenvielfalt. Mit Uhu, Wanderfalke, Luchs, durchlaufendem Wolf, vielen Spechten, Schnepfen und Unmengen von Waldameisen lebt hier eine andere Artenvielfalt als in Franken. Die erweiterte Diversität freut uns besonders für den Gesamtbetrieb.

Zur weiteren Erhöhung der Baumvielfalt im Revier Oberschönau kaufte ich 2018 ein in der Nähe liegendes Waldstück mit circa 180 Hektar dazu. Dieses liegt auf 450 Höhenmetern, hat keine Steillagen, und besteht hauptsächlich aus Lärchen, Kiefern und Birken. Bis auf Januar ist es das ganze Jahr ohne Steilhangtechnik zu bewirtschaften. So kann unser Revierförster bereits im Februar mit seinen Arbeiten, wie zum Beispiel der Vorbereitung der Holzernte, beginnen.

Rotwild kommt hier nur als Wechselwild vor, was den Druck auf die jungen Bestände deutlich reduziert. Ein Bestand mit Eichen hat sich im Revier gehalten, zwar nicht von ausreichender Qualität für die Holzindustrie, aber vital. Das zeigt uns, dass hier noch mehr möglich ist. Denn, obwohl das neue Revierteil nur Luftlinie fünf Kilometer entfernt ist, haben wir klimatisch günstigere Bedingungen für eine breitere Baumartenpalette als in den Hochlagen. Für das Gesamtrevier Oberschönau bedeutet der Zukauf eine Bereicherung der Diversität, günstigere Holzerntekosten und den Einsatz von Mensch und Maschine in einem längeren Zeitraum.

Auch in Thüringen haben wir die Chance auf einen zukunftsfähigen Wald.

Im Revier Oberschönau wurden große Flächen Wald von Hitze, Trockenheit und vielen Borkenkäfern vernichtet. Auch Nachbarreviere in Thüringen sind betroffen (oben).

Der noch zu hohe Wildbestand lässt bis jetzt nur eine gesicherte Fichtennaturverjüngung zu. Buche und andere Baumarten verjüngen sich zwar, werden aber stärker verbissen als die Fichte. Neu einzubringende Bäume müssen deshalb geschützt werden.

Not und Hoffnung: Links der bisherige Wald mit reiner Fichtenverjüngung, rechts wächst eingezäunt ein gesunder Bergmischwald heran. Wildschaden: Verbiss, Schälen und Fegen.

Das Revier Oberschönau unterscheidet sich klimatisch, geologisch, ökologisch und biologisch im Vergleich zu den fränkischen Revieren. Der Waldumbau ist entsprechend anders.

Unser Ziel ist die Rekultivierung eines Bergmischwaldes.

Totholz
Vogelbeere
Vogelbeere

Die Fichte

Die Fichte (Picea) hat ihr natürliches Hauptverbreitungsgebiet im Gebirge. Wegen der dort meist dünnen Bodendecke wachsen ihre Wurzeln mehr in die Breite, als in die Tiefe. Fichten sind auf regelmäßige Niederschläge angewiesen, da sie tiefere Wasserschichten aufgrund ihrer flachen Wurzeln nicht erreichen. Dieser Nadelbaum wurde, wegen seiner guten Holzeigenschaften und des schnellen Wachstums, in den vergangenen zwei Jahrhunderten über ganz Deutschland verbreitet. Sie wird deshalb in der Waldwirtschaft als „Brotbaum" bezeichnet. Allerdings verträgt die Fichte das Klima unserer Weinbauregion Franken nicht. Wir erwarten, dass unsere Enkel dort keine nennenswerten Fichtenbestände mehr vorfinden werden.

Große Maschinen für kleine Pflanzen

Wir fällen den größten Teil unserer Bäume mit der Holzerntemaschine, dem sogenannten Harvester. Es gibt verschiedene Modelle, aber alle Vollernter sind sehr groß, bis zu acht Meter lang, extrem schwer, nämlich zwanzig Tonnen und mehr, und bei der Arbeit richtig laut. Trotzdem ist der Harvester für den zu fällenden Baum, für die Verjüngung und für den Boden die schonendste Art der Holzernte.

Die Maschinen fahren nämlich nicht kreuz und quer durch den Wald, sondern nur auf extra für sie angelegten Rückegassen. Das sind parallel verlaufende Wege im Wald. Der zwischen den Rückegassen liegende Waldboden darf nicht befahren werden, um ihn größtmöglich vor Verdichtung zu schonen. Von den Rückegassen aus arbeitet der Harvester die gekennzeichneten Bäume auf. Man rechnet in einem Jahrzehnt grob mit drei bis vier regulativen Durchforstungen desselben Bestandes. Beim Erst- und Zweiteingriff werden die Rückegassen mit zwanzig Meter Abstand genutzt. Mit dem circa zehn Meter ausladenden Kranarm des Harvesters kann der Maschinenführer fast jeden Baum erreichen und fällen, ohne andere Bäume oder die jungen Pflanzen zu beschädigen. Bei der dritten bis vierten Durchforstung kann eine Rückegasse ausgelassen werden. Da die Bäume inzwischen eine Höhe von dreißig Metern erreicht haben, genügt ein Abstand von vierzig Metern. Die Natur holt sich die stillgelegten Rückegasse dann als Verjüngungsschneisen zurück.

Der Harvester darf ausschließlich in der Rückegasse oder auf der Forststraße gefahren werden. Auf diese Weise schützen wir den restlichen Waldboden vor Verdichtung und flachwurzelnde Baumarten vor Wurzelverletzungen.

Der Arbeitsablauf mit einem Vollernter ist immer der gleiche: Der Maschinenführer fährt in die Rückegasse, fixiert im Bestand den vom Förster vormarkierten Baum mit dem Kranarm, an dessen Ende der

Fällkopf montiert ist. Der Baum wird gefällt, liegt einen kurzen Moment auf den Boden, bis er angehoben und Richtung Rückegasse gezogen wird. Im Gegensatz zum händischen Schneiden berührt dabei nur die Krone den Waldboden. Der Stamm wird über der Gasse entastet, die dadurch entstehende Matte aus Reisig kann problemlos von der schweren Maschine überfahren werden. Sie hilft die Bodenverdichtung zu minimieren. Nach der Entastung filetiert die Maschine den Stamm in programmierte Längen, und legt sie neben der Rückegasse in sortenreinen Haufen nieder. Der komplette Ablauf, angefangen vom Lageplan bis hin zu den markierten Bäumen und deren Verwertung, erfolgt computerunterstützt.

Einschläge von Hand, wie früher hauptsächlich von den Waldarbeitern allein mit der Motorsäge durchgeführt, gib es fast nur noch in stärkeren Laubholzhieben. Wird ein Baum per Hand geschnitten, fällt der Stamm in den Bestand. Das bleibt immer ein gefährlicher Moment, denn die Kräfte, die dabei wirken, sind gewaltig. Der Aufprall ist weit zu hören, der Boden zittert.

Mit dem Einsatz einer Vollerntemaschine reduziert sich die Verletzungsgefahr erheblich, nicht nur bei den Waldarbeitern, sondern auch am gefällten Stamm, an den verbleibenden Bäumen, der Verjüngung und dem Boden. Der Waldboden wird allein in den Rückegassen belastet.

Wir verkaufen vorsortiertes Holz direkt ab Forststraße. Das heißt, die Holzabschnitte, die der Harvester rund um die Rückegasse abgelegt hat, müssen im nächsten Schritt aus dem Wald an die Straße gebracht werden. Das übernimmt der Rückezug oder Forwarder, wiederum eine große, laute Maschine mit Greifarm. Der Fahrer folgt der Harvesterspur, lädt das geschnittene Holz auf und befördert es an die Forststraße, die mit Lastwagen befahren werden kann. Dort wird das Holz dann je nach Art und Dimension in *Polter* sortiert und für die Kunden „just in time" bereitgestellt.

Wir haben ein gut ausgebautes Wegenetz, das die Holzabfuhr ganzjährig und bei jeder Witterung ermöglicht. Apropos Witterung: Harvester und Rückezug engagieren wir nur, wenn die Bodenfeuchtigkeit es zulässt. Da wir so bodenschonend wie möglich das Holz ernten möchten, wollen wir nicht, dass die Maschinen einsinken oder gar stecken bleiben. Eine gewisse Bodentrockenheit ist somit die erste Voraussetzung für ihren Einsatz.

Zugegeben, sowohl der Holzvollernter wie auch der Rückezug wirken in voller Aktion auf Spaziergänger eher verstörend, und ihr Gebrauch ist bei Laien nicht gut angesehen. Aber die Zeit von Holzfällern im karierten Hemd, die mit starken Pferden oder Treckern den Stamm an einer Kette aus dem Wald ziehen, ist schon lange vorbei. Der romantisierende Blick in die Vergangenheit ist weder wirtschaftlich, noch sicherheitstechnisch oder ökologisch angebracht.

Gut zu wissen ...

Polter

Wir verkaufen Holz unterschiedlicher Länge oder Stammholz ab Forststraße. Das Rohholz wird vom Rückezugfahrer sortiert aufgeschichtet. Diese Holzhaufen heißen Polter. Sie sehen unterschiedlich aus, je nachdem, welche Qualität zur Abfuhr gesammelt wird. Die Sortierung reicht von Industrieholz für die Papier- und Zellstoffproduktion, über Paletten- und Bauholz bis hin zu den Wertholzstämmen als Schreinerware, für Instrumenten- und Fassbau, oder in Furnierholzqualität. Das Rohholz wird von unseren Förstern nach Verwendung, Güte oder Bestellung am Polter klassifiziert und an den Kunden übergeben, die dann den Abtransport organisieren.

Die Vorteile der voll maschinellen Holzernte liegen auf der Hand: Die Holzerntekosten und die Schäden im Wald werden gesenkt. Wir kaufen eine Dienstleistung und bezahlen pro Festmeter. Bei guten Bedingungen kann ein Harvesterfahrer die Tagesarbeit von acht bis zehn Waldarbeitern ersetzen. Im direkten Vergleich ist die „Handarbeit" des Waldarbeiters körperlich anstrengender und gefährlicher als die des Fahrers, der seinen Vollernter mit einem Joystick bedient.

Unsere Förster wählen die Dienstleister sorgfältig aus, denn auch sie müssen hinter unserem waldbaulichen Konzept stehen, es verstanden haben und dementsprechend handeln.

Wir wollen dem Wald nach einem Hieb „in die Augen sehen" können. So brutal der Harvester auf Außenstehende wirken mag, ist die Ernte damit ein schonendes Verfahren. Der Waldboden im Bestand wird nicht beschädigt, die verbleibenden Bäume sind unverletzt. Am Zustand des Bestandes nach der Ernte beurteilen wir die Qualität der Arbeit.

Der Harvester darf ausschließlich in der Rückegasse oder auf der Forststraße gefahren werden.

Mit Verstand eingesetzt, ist der Vollernter eine pflegliche Maschine. Ein guter Fahrer denkt mit und baut sich zum Bodenschutz Reisig in die Gassen oder bricht den Arbeitseinsatz bei schlechter Witterung ab.

Mit dem Fällkopf des Harvesters wird der Baum fixiert, um ihn dann abzuschneiden. Der Stamm fällt, der Greifarm öffnet sich, der Baum liegt kurz auf dem Boden.

Daraufhin wird der Stamm aus dem Bestand gezogen und in der Rückegasse oder wie im Bild an Ort und Stelle entastet und in vorgegebene Längen filetiert.

Der Fahrer des Rückezugs folgt der Reisigspur, um das geschnittene Holz aus dem Bestand zu holen. An der Forststraße sortiert er die Stücke nach Länge und Qualität.

Die Eiche

Die Eiche (Quercus) ist unser beider Lieblingsbaum. Sie kann besonders alt werden. Die ältesten Exemplare schätzen wir auf dreihundert Jahre. Eichen sind beeindruckende Bäume. Ihr Zuwachs ist zwar langsam, aber stetig. Freistehend entwickelt die Eiche einen sehr dicken und kurzen Stamm. Steht sie im Waldbestand, wächst ihr Stamm in Konkurrenz mit den Nachbarbäumen bis zu einer Höhe von 35 Metern und am Ende des Tages liefert sie uns alle Qualitätsstufen, von ergiebigem Brennholz bis zu sehr wertvollem Furnierholz. Dazu liefern ihre Samen, die Eicheln, bestes Futter für Wildschweine und Rehe.

Forstinventur digital

Alle zehn Jahre wird der Zustand unseres Waldes von einem Sachverständigen aufgenommen, überprüft, ausgewertet, bewertet und dokumentiert. Das Verfahren nennt man Forsteinrichtung mit Forstinventur. Am Ende steht ein umfangreiches Zahlenwerk mit Grafiken und Managementplan. Zahlen sind im Vergleich zu Bäumen emotionslos, aber wir können an ihnen Zuwachs, Vorrat, Baumartenzusammensetzung und weitere Kennzahlen vergleichen. Wir messen die Arbeit unserer Förster an den Zahlen: Was hat sich verbessert? Wurden unsere Ziele erreicht? Anhand des Managementplans kontrollieren, prüfen und hinterfragen wir uns. Die Freude ist groß, wenn wir schwarz auf weiß sehen: Wir sind auf dem richtigen Weg!

Eine übliche Forsteinrichtung unterteilt den Wald in unterschiedliche Altersklassen und Bestände, zum Beispiel zwanzig- bis vierzigjähriger Fichtenbestand. Das gibt einen Überblick über die Zusammensetzung des Waldes. Das Verfahren ist gut geeignet, wenn Flächen im Wald schachbrettartig zusammengesetzt sind, auf denen jeweils eine Altersklasse und ein bis zwei Baumarten vorherrschen. In unserem Wald vermischen sich Altersklassen und verschiedene Baumarten auf immer kleinerer Fläche. Das Verfahren der Altersklassenforsteinrichtung stößt hier an ihre Grenzen.

Deshalb wurde bei der letzten Inventur 2013 ein neues Verfahren angewandt. Ein Gitternetz aus jeweils zwei Hektar großen Abschnitten wurde über unseren Wald gelegt. Die Schnittpunkte der Gitter haben die Förster aus dem Koordinatensystem ausgelesen, sind mithilfe eines GPS-Gerätes dorthin gelaufen, und haben genau am Schnittpunkt einen Magneten in der Erde vergraben. So können sie den Punkt in zehn Jahren bei der nächsten exakt Inventur wiederfinden. Von diesem Magnetpunkt aus, wurden in verschiedenen Radien Kennwerte des Baumbestandes aufge-

Castell'sche
bteilung

Beispielhafte Darstellung des Probekreises zur Aufnaheme des Ist-Zustandes.

nommen. Wie zum Beispiel Baumart, Stammdurchmesser, Höhe, Schäden am Baum, Totholz, Verjüngung, Verbiss der Verjüngung. Mit der Folgeinventur, wenn die Förster wieder genau dieselbe Stelle aufsuchen und dasselbe messen, haben wir nun sehr genaue Daten über unseren Zuwachs. Wir wissen also, um wie viel Festmeter Holz die Bäume in den zehn Jahren gewachsen sind und wie sich die anderen Aufnahmekriterien währenddessen entwickelt haben. Für die nächste Inventur haben wir uns mit den Aufnahmemöglichkeiten erneut beschäftigt. Dabei stellten wir fest, dass im vergangenen Jahrzehnt ein ungeheuer großer Entwicklungssprung in der Digitalisierung der Forstwelt passiert ist.

Bei der neuen Aufnahme werden mithilfe von Luftbildern und Lidardaten[23] die Baumhöhen bestimmt, die Bäume in der obersten Schicht

Luftbilder aus Flugzeugen oder von Drohnen aufgenommen unterstützen zukünftig die Forsteinrichtung.

unseres Waldes gezählt und als Nadel oder Laubbäume erkannt. Dies alles passiert mithilfe intelligenter Software, die den Wald wiederum in Bestände unterteilt. In diesen Beständen werden Kontrollpunkte angelegt, die dazu dienen, weitere wichtige Parameter aufzunehmen, wie beispielsweise Baumdurchmesser und Baumart. Die künstliche Intelligenz verschneidet dies mit den Daten aus den Luftbildern und errechnet so den Holzvorrat des Waldes.

Der Zustand des Waldes wird regelmäßig gemessen und bewertet.

Kohlenstoffspeicher Baum: Stamm, Holz, Produkt

An dieser Stelle wollen wir unser Augenmerk auf den nachwachsenden Rohstoff Holz legen. Letztendlich leben wir und unsere Mitarbeiter von dem Erlös des Holzes, das wir aus dem Wald holen und verkaufen.

Allgemein bekannt ist, dass Waldbäume Kohlenstoff speichern. Sie holen ihn im Prozess der Photosynthese aus dem CO_2 der Luft. Beim Verbrennen des Holzes entweicht der über Jahrzehnte aufgenommene Kohlenstoff dann zurück in die Atmosphäre als CO_2.

Wir wollen, dass unser Holz möglichst lange als Kohlenstoffspeicher fungiert. Das heißt, je mehr wertiges und sägefähiges Holz wir produzieren, desto länger bleibt der aufgenommene Kohlenstoff im Holz gebunden. Zur Erinnerung, denn der Punkt spielt im späteren Verlauf eine wesentliche Rolle: Nur bei der Verbrennung oder der natürlichen Zersetzung des Holzes entweicht der gespeicherte Kohlenstoff zurück in die Atmosphäre.

Liegt das Holz jedoch in einer Qualität vor, die beispielsweise verbaut oder vom Schreiner verarbeitet werden kann, ist das Endergebnis automatisch ein Kohlenstoffspeicher. Jedes Holzprodukt, sei es die Faser bei der Papierherstellung, die Dachlatte aus dem Handwerkermarkt, oder das Holzhaus, das immer mehr in Mode kommt: Der vom Baum gebundene Kohlenstoff verbleibt im Holz und wird so lange gespeichert, wie das Produkt genutzt wird.

Unser Ansporn ist die Qualifizierung unserer Rohhölzer in gute bis sehr gute Wertkategorien. Brennholz fällt bei uns nebenher an, das müssen wir nicht gezielt produzieren. Im Gegenteil, wir wollen wertvolles Holz schlagen, bei dem niemand auf die Idee käme, es zu verheizen.

Bau- und Möbelholz binden Kohlenstoff über Jahrzehnte oder Jahrhunderte. Zum Beispiel dieser Boden im Casteller Schloss aus dem 17. Jahrhundert, als man über CO_2-Emissionen noch nicht nachdenken musste.

Wir sind ein Wirtschaftsbetrieb, der mit gefällten Bäumen sein Geld verdient. Wenn wir wertvolles Holz produzieren, durch dessen Verarbeitung eine maximale Kohlenstoffspeicherung erhalten bleibt, tragen wir zu einer günstigen CO_2-Bilanz bei. Jeder Mensch, der sich für ein Holzprodukt entscheidet, tut das auch. Gleichzeitig kann durch die Verwendung von Holzprodukten, anstelle von energieintensiven Rohstoffen, CO_2 eingespart werden. Bei heimischem Holz ist außerdem die Umweltbelastung durch kurze Transportwege besonders niedrig.

Wir wollen, dass unser Holz möglichst lange als Kohlenstoffspeicher fungiert.

Manchmal gibt es auch Überraschungen. Ein gewöhnlicher Ahorn weist durch einen genetischen „Defekt" eine außergewöhnliche Maserung der Jahresringstruktur auf. Als Zier-oder Tonholz findet der Riegelahorn zum Beispiel für Saiteninstrumente Verwendung.

Alt und Neu vereint: Fachwerk aus dem 18. Jahrhundert und Eichenstufen von heute.

Ausflug: Wein und Fass – eine fruchtbare Liaison

Auf rund dreizehn Prozent unserer fränkischen Waldflächen wachsen Eichen. Im Sinne der Ganzheitlichkeit und der Regionalität begannen wir vor einigen Jahren in unserem Weingut mit Fässern aus eigenen Eichen zu arbeiten.

Eichenholz ist zum Fassbau aufgrund seiner Härte und Dichtigkeit besonders gut geeignet. Nur die besten Stämme kommen dafür infrage, die im unteren Bereich regelmäßig gewachsen sind und keine Äste haben.

Warum verwenden wir unsere eigenen Eichen für den Fassbau? Wein wird geprägt von der Region, in der die Reben stehen, aber auch vom Fass, in dem er reift. Deshalb endet für uns das Terroir nicht an der Kellertür. Unsere Eichen wurzeln im gleichen Boden wie unsere Rebstöcke. Beide mögen unser Weinbauklima und beide sind den gleichen Umwelteinflüssen ausgesetzt. Die feinporige Struktur der Hölzer unterstützt die langsame Reifung unserer Weine perfekt. Bringen wir Wein und Holz zusammen, kann diese Liaison nur harmonieren.

Die besten Eichen, die wir aus dem Wald holen, sind zweihundert bis dreihundert Jahre alt. An so einer alten Eiche haben zehn Förstergenerationen gearbeitet. Man überlegt zweimal, ob man solche Giganten wirklich fällen soll. Was hat er alles erlebt! Im Keller kann ein Fass bei guter Pflege dann weitere hundert Jahre alt werden. Es sind also eindrucksvolle vierhundert Jahre, in denen eine Fasseiche Kohlenstoff speichert neben ihrer Hauptaufgabe, große Weine beim Reifen zu begleiten.

Auch diese Eiche wäre zum Fassbau geeignet. Wir können uns nur noch nicht entscheiden, ob wir sie jetzt schon ernten oder lieber noch zehn oder zwanzig Jahre warten.

DIE ZUKUNFT

Meine Reisen in die Zukunft

Ferdinand Fürst zu Castell-Castell

Nach Angaben der Weltorganisation für Meteorologie liegt die globale Mitteltemperatur gegenwärtig um 1,1 Grad Celsius über dem vorindustriellen Niveau. Es ist anzunehmen, dass die bis heute erfolgten Emissionen in den nächsten zwei bis drei Jahrzehnten eine weitere Erwärmung von bis zu einem halben Grad verursachen werden. Je nach zukünftigem Emissionsszenario muss man mit einem Anstieg von 2,4[24] bis 4,8 Grad[25] gegenüber dem vorindustriellen Niveau rechnen. Die Erwärmung passiert global nicht gleichmäßig, sondern in den Regionen unterschiedlich. Laut Messungen unseres Weinguts, die seit den 1960er Jahren aufgezeichnet werden, beträgt der Temperaturanstieg im Steigerwald bereits heute 1,5 Grad Celsius.

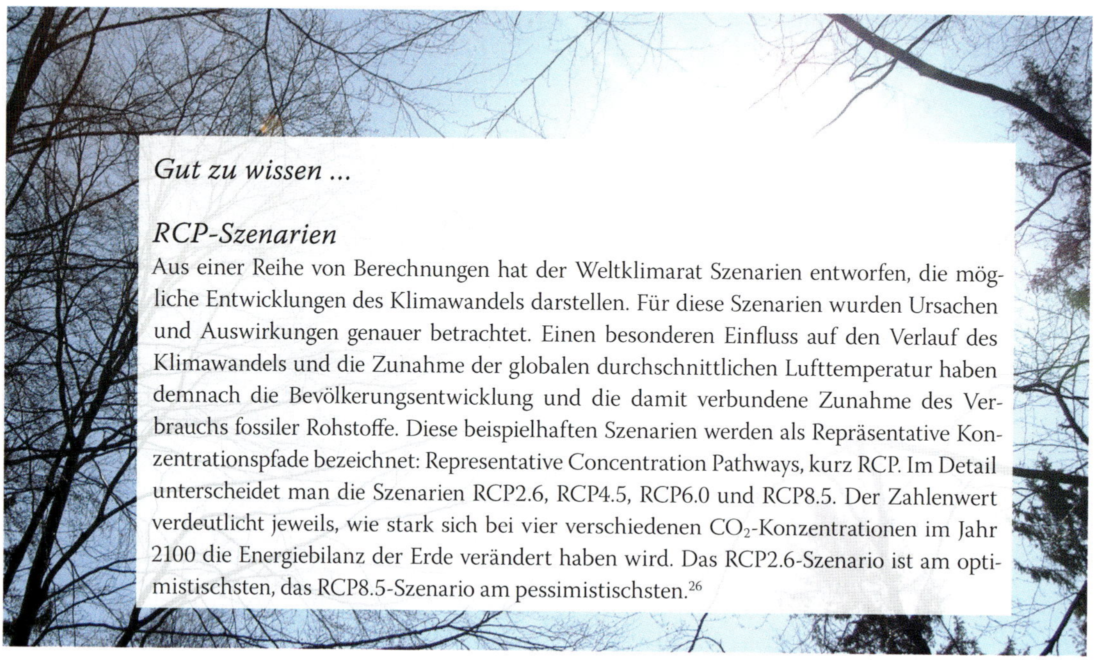

Gut zu wissen ...

RCP-Szenarien

Aus einer Reihe von Berechnungen hat der Weltklimarat Szenarien entworfen, die mögliche Entwicklungen des Klimawandels darstellen. Für diese Szenarien wurden Ursachen und Auswirkungen genauer betrachtet. Einen besonderen Einfluss auf den Verlauf des Klimawandels und die Zunahme der globalen durchschnittlichen Lufttemperatur haben demnach die Bevölkerungsentwicklung und die damit verbundene Zunahme des Verbrauchs fossiler Rohstoffe. Diese beispielhaften Szenarien werden als Repräsentative Konzentrationspfade bezeichnet: Representative Concentration Pathways, kurz RCP. Im Detail unterscheidet man die Szenarien RCP2.6, RCP4.5, RCP6.0 und RCP8.5. Der Zahlenwert verdeutlicht jeweils, wie stark sich bei vier verschiedenen CO_2-Konzentrationen im Jahr 2100 die Energiebilanz der Erde verändert haben wird. Das RCP2.6-Szenario ist am optimistischsten, das RCP8.5-Szenario am pessimistischsten.[26]

Seit Jahren beschäftigt mich der Gedanke, dass man das zukünftige Klima unserer Heimat doch heute schon in anderen Ländern finden können müsste. Es gibt sicher Regionen, die gegenwärtig von dem Klima geprägt sind, das uns in der Zukunft erwartet. Mit der Frage: „Wo ist das Klima heute schon so, wie es bei uns zur Zeit meiner Enkel sein wird?" wandte ich mich an zahlreiche Fachleute. Unter anderem an den Würzburger Klimaforscher und Professor für physische Geografie Heiko Paeth. Es entstand die Idee einer Masterthesis zu dem Thema „Zukünftige Klimaanalogieregionen für den Steigerwald". Heraus kam die Masterarbeit von Felix Pohl. Er diskutiert verschiedene Parameter wie Temperatur, Niederschlag und Kontinentalität bei verschiedenen Klimaszenarien. Zusammengefasst wird dargestellt, dass das Klima des Steigerwalds am Ende des 21. Jahrhunderts dem heutigen Klima des Oberrheingrabens entspricht, wenn man eine moderate Klimaerwärmung annimmt. Im Fall einer stärkeren Erwärmung wird das Rhonetal, im Südosten Frankreichs gelegen, als heutiges Analogiegebiet klassifiziert.

Darauf hatte ich gewartet. Ich hatte nun ein definiertes Ziel, um in die „Klima-Zukunft" zu reisen. Voll Vorfreude und Spannung brachen meine Frau und ich ins Elsass auf, um zu sehen und zu erleben, was eine globale Klimaerwärmung von 2,4 Grad gegenüber dem vorindustriellen Niveau bedeutet. Wie es sich anfühlt, unter diesen Bedingungen zu leben und zu wirtschaften.

Der Ausgangspunkt unserer Erkundung war Colmar. Die malerische Stadt mit ihren engen Gassen und imposanten Fachwerkhäusern ist im Rheintal am Rand der Vogesen gelegen. Die drittgrößte Stadt im Elsass gilt mit 530 mm Niederschlag im Jahr, als trockenster Ort Frankreichs, nach Marseille. Die jährliche Niederschlagsmenge ist mit dem südlichen Steigerwald vergleichbar, allerdings bei circa zwei Grad Celsius höherer Jahresdurchschnittstemperatur.

Marc Etienne Wilhelm, ein vorausschauender Waldbautrainer des Office National des Forêts, führte uns durch die Wälder. Dabei entwickelte sich ein faszinierender Gedankenaustausch. Auch im Elsass beobachtet und misst man sorgenvoll, dass es seit Jahrzehnten immer wärmer wird, was bei den geringen Niederschlägen Probleme bereitet.

In den tieferen Regionen gibt es gut gepflegte Eichenbestände – typisch für ganz Frankreich. Die Esskastanie ist weit verbreitet; wir werden prüfen, inwieweit sie bei uns zum Tragen kommt. Die steigenden Temperaturen führen dazu, dass Nadelbäume große Überlebensprobleme haben, wenn sie älter als vierzig Jahre und damit aus dem schützenden Schirm anderer Bäume herausgewachsen sind. Ich war zutiefst betroffen über den Zustand, der bei uns so beliebten Weißtanne. Ich hätte es mir nicht träumen lassen, dass diese selbst in bachnahen kühlen Tälern solche Trockenschäden erleidet. Der Tanne wird im Elsass wenig Zukunft gegeben, sie wird teilweise sogar bekämpft, um Laubbaumarten zu fördern. Das hat mich nachdenklich gemacht, wird die Tanne doch hierzulande wegen ihrer Pfahlwurzel als zukunftsfähiger Baum gesehen.

Ist die Förderung der Tanne in unseren Wäldern eine Investition in die falsche Richtung? Gegebenenfalls sollten auch wir verstärkt über den Einsatz von südländischen Weißtannen nachdenken.

2021 folgte die zweite Reise ins Elsass. Diesmal begleiteten mich Fürst Otto und unsere Förster. Wir schauten uns an, welche Baumarten dort wachsen, neben den bei uns heimischen. Und wir lernten Arten kennen, die vielleicht auch bei uns Wurzeln schlagen können, zum Beispiel eben die Esskastanie.

Auch im Elsass setzt man intensiv auf die Naturverjüngung, die ähnlich wie bei uns stark durch Wildbestände beeinflusst wird. Hat der Waldbewirtschafter nicht die Möglichkeit, den Wildbestand zu regulieren, ist es schwer, eine artenreiche Verjüngung zu ermöglichen.

Das Elsass ist touristisch hoch frequentiert. Die Wälder gehören, neben Wein und gutem Essen, zu dessen Attraktionen. Marc Etienne Wilhelm berichtete nicht ohne Stolz: „Ein Augenmerk unserer Arbeit ist, schöne Waldbilder entstehen zu lassen, besonders an Waldrändern oder

Die Esskastanie

Die Esskastanie oder Edelkastanie (Castanea Sativa) wächst derzeit bei uns noch selten. Ein Grund dafür sind sicher die Spätfröste im Mai, die sie sehr schlecht verträgt. Die Edelkastanie, optisch schön und attraktiv, ist der einzige Waldbaum, dessen Früchte wir essen können. Maronen sind reich an Kohlenhydraten, enthalten wertvolle Nährstoffe und sind dabei fettarm. Man kann sie selbst essen oder dem Wild als sehr gutes Futter überlassen. Mit wärmeren und trockenen Sommern hat die Edelkastanie keine Probleme. Auf frostgeschützten Standorten wird sie in Zukunft in der Mischung der Waldbäume eine größere Rolle bei uns spielen. Ich sehe die Esskastanie eher als dienende Baumart, die sicher teilweise den Platz der Hainbuche als Begleitbaum der Eiche einnehmen wird.

Waldwegen. Wir geben uns große Mühe mit abwechslungsreichen Fotomotiven den Tourismus zu unterstützen. Das führt sogar so weit, dass wir versuchen, unsere Arbeit für die Besucher ‚unsichtbar' auszuführen."

Die Mischung aus naturräumlichen Gegebenheiten, historischen Gewohnheiten und unterschiedlichen Zielsetzungen führt zu differierenden Vorgehensweisen. Das Positive daran ist die Freiheit, die es jedem Waldbesitzer erlaubt, seine Zielsetzung selbst zu bestimmen. Während Marc Etienne Wilhelm nur auf Baumarten setzt, die bereits vorhanden sind, ist unsere Zielsetzung eine andere: Wir streben eine größere Baumartenvielfalt an, um dem Klimawandel mehr Alternativen entgegenzusetzen. Darin sehen wir unsere Chance und Herausforderung in gleichem Maße. Viele französische Förster suchen traditionell ihr Heil in der Eiche. Sie ist sehr wichtig für die Wälder der Zukunft, aber die Fichte hat uns eindrucksvoll bewiesen, wie labil Monokulturen sind.

Aus unseren Reisen entstand eine lebhafte Diskussion von Waldspezialisten aus Franken und dem Elsass. Der Gedankenaustausch mit Praktikern aus verschiedenen klimatischen Regionen wird uns auch weiterhin wertvolle Impulse geben.

Die Klimaveränderung wird eine Umgestaltung des Artenspektrums mit sich bringen. Baumarten, die in der Vergangenheit bei uns heimisch waren, werden nicht mehr dieselbe Bedeutung haben, ganz verschwinden oder sogar aussterben. Ich kann nur alle Waldbesitzer auffordern: Setzt euch mit den für eure Region prognostizierten Rahmenbedingungen auseinander. Schaut euch in anderen geografischen Regionen um. Ob der Waldbau dann dort richtig ist, oder ob man was anders machen könnte; ob der Waldbau erfolgreich ist, aber man setzt ihn bei sich anders um – das muss jeder für sich selbst entscheiden. Was ich damit sagen will: Schaut nicht nur nach hinten, wie es bisher war. Wie es werden könnte, das ist interessant und zukunftsweisend. Schaut euch dort um, wo es heute schon so ist, wie es morgen bei euch sein wird. Findet euer persönliches Analogiegebiet.

Eine Reise in die Zukunft muss manchmal gar nicht so weit sein. Auch unser Wald ist für andere Regionen ein Analogiegebiet, weil es hier schon viel wärmer und trockener ist, als in vielen anderen Gegenden Deutschlands.

Wir werden weiterhin mit unseren Kollegen im Elsass in Kontakt und engem Austausch bleiben. Mit meiner „Wetterstation in der Hosentasche", meinem Smartphone, vergleiche ich regelmäßig die Temperaturen des Analogiegebietes mit den unsrigen: Es ist dort meistens drei Grad wärmer. Gefühlt ein geringer Temperaturunterschied, die Auswirkungen für den Wald aber sind riesig. Selbst wenn sich die Rahmenbedingungen wie prognostiziert entwickeln und unsere Temperaturen so werden, wie sie heute schon um Colmar vorherrschen, dann stimmt mich das sehr hoffnungsvoll. Wir haben kein Katastrophenszenario vorgefunden. Im Elsass gibt es schöne Bestände und wertvollen Wald.

Eine Ausbreitung von standortgerechten Baumarten auf natürlichem Wege ist zu langsam, um mit der rasanten Veränderung des Klimas Schritt halten zu können. Deshalb probieren wir es aktiv mit neuen Baumarten aus wärmeren Regionen, zum Beispiel dem Baumhasel, der Schwarznuss, der chinesischen Flügelnuss oder der Roteiche. Wir pflanzen immer gruppenweise und experimentieren auch mit exotischen Arten wie dem Tulpenbaum aus Nordamerika oder dem Riesenmammutbaum, auch Berg-Mammut genannt, der in Kalifornien beheimatet ist. Die Schiffsmast-Robinie, die im Gegensatz zu anderen Robinienarten sehr gerade wächst, gilt wegen ihrer Trockenresistenz als Zukunftsbaum. Ihr Holz ist hart und dauerhaft, Insekten lieben ihre Blüten, ihre Wurzeln können Luftstickstoff fixieren. Wir meinen, dass unsere Baumartenauswahl genetisch besser auf das zukünftige Klima vorbereitet ist und unsere Wälder bereichern wird.

Aber nicht nur in der Ferne finden wir Zukunftsbäume. Der Fokus unsere Förster liegt darauf, klimataugliche heimische Baumarten, zum Beispiel die Weißtanne, in unseren Wäldern zu suchen, zu finden und zu fördern. Die sogenannten Wildlinge werden dazu teilweise ausgestochen und an andere Standorte versetzt. Auch wenn die Ergebnisse – und hoffentlich auch die Erfolge – unserer Anstrengungen erst unsere Enkel sehen werden, wollen wir nichts unversucht lassen, um einem weiteren Wertverlust unserer Wälder entgegenzutreten.

Wir haben das Schlimmste hoffentlich schon überstanden, unsere Wälder bestehen nur noch zu weniger als zehn Prozent aus Fichte. Wir hatten dennoch gewaltige Einbuße an Ertrag und Vermögen. Der Preis des Fichtenholzes brach um achtzig Prozent ein, damit konnten nicht einmal mehr die Erntekosten gedeckt werden. Die zwangsweise Ernte des Käferholzes wiederum zeigt, dass die Fichte die Hauptverliererin der Klimaerwärmung ist.

Da der Großteil der käferbefallenen Fichten noch nicht erntereif war, haben wir auch den zu erwartenden Zuwachs der Bäume verloren. Dieser wird umso lukrativer, je älter und dicker ein Baum wird. Im Endergebnis

Käferholzpolter in Castell, 2019.
Riesige Holzmengen, deren Erlös kaum die Erntekosten deckte.

wurde unser Holzvorrat verringert, was wiederum zu einem Substanz- und Wertverlust des Waldes führte. Nicht nur für uns, sondern für die gesamte Gesellschaft.

Wald beeinflusst das Klima und Wald wird vom Klima beeinflusst. Den Herausforderungen der Zukunft mit den Methoden oder dem Genmaterial der Vergangenheit zu begegnen, halten wir für den falschen Weg. Wir versuchen mit den vorgestellten Maßnahmen und unter Berücksichtigung aller waldbaulichen Faktoren auf die Klimaveränderung zu reagieren. Wir bemühen uns mit all unserer Kraft, unseren Wald zu erhalten. Nichts zu tun und zuzuschauen, ist nach unserer Meinung verantwortungslos.

Auch unser Wald ist für bisher kühlere Regionen ein Analogiegebiet.

Marc Etienne Wilhelm (links), Waldbautrainer des Office National des Forêts, führte uns durch die Wälder.

Das Elsass ist berühmt für seine Eichen, mit roten Bändern markiert wird sie als Hauptbaumart in der Naturverjüngung besonders gefördert und gepflegt.

Um die Eiche in der Naturverjüngung im Wachsen zu unterstützen, knicken oder ringeln die Forstleute im Elsass deren Bedränger. Diese bilden keine Krone mehr aus, beschatten jedoch weiterhin die Eiche und fördern astreine Schäfte durch Seitendruck.

Schutz vor Wildverbiss auf der Freifläche. Die Tatsache, dass die Weißtanne, die bei uns als Zukunftsbaum gilt, im Elsass inzwischen stirbt, gibt uns zu denken.

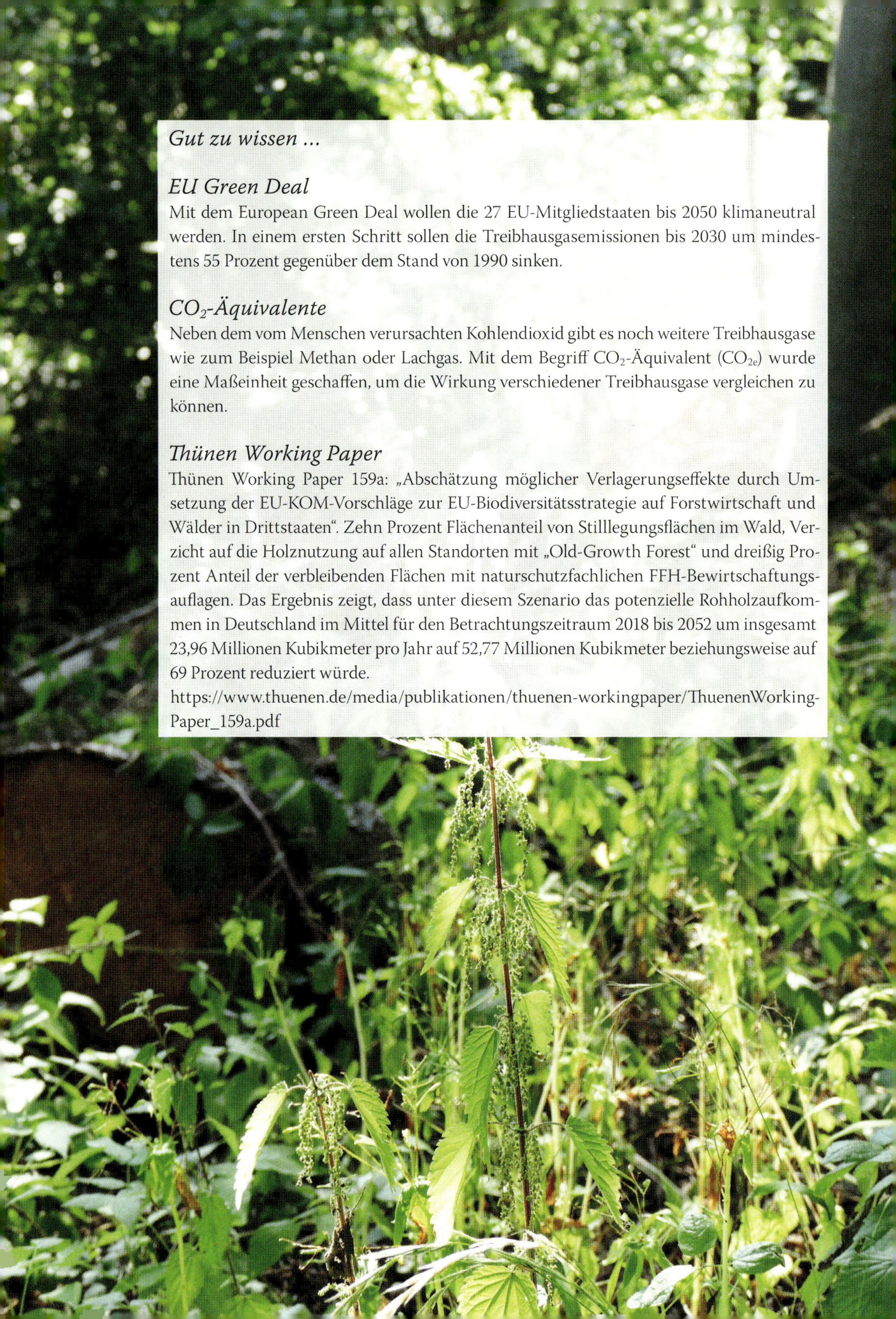

Gut zu wissen ...

EU Green Deal

Mit dem European Green Deal wollen die 27 EU-Mitgliedstaaten bis 2050 klimaneutral werden. In einem ersten Schritt sollen die Treibhausgasemissionen bis 2030 um mindestens 55 Prozent gegenüber dem Stand von 1990 sinken.

CO_2-Äquivalente

Neben dem vom Menschen verursachten Kohlendioxid gibt es noch weitere Treibhausgase wie zum Beispiel Methan oder Lachgas. Mit dem Begriff CO_2-Äquivalent (CO_{2e}) wurde eine Maßeinheit geschaffen, um die Wirkung verschiedener Treibhausgase vergleichen zu können.

Thünen Working Paper

Thünen Working Paper 159a: „Abschätzung möglicher Verlagerungseffekte durch Umsetzung der EU-KOM-Vorschläge zur EU-Biodiversitätsstrategie auf Forstwirtschaft und Wälder in Drittstaaten". Zehn Prozent Flächenanteil von Stilllegungsflächen im Wald, Verzicht auf die Holznutzung auf allen Standorten mit „Old-Growth Forest" und dreißig Prozent Anteil der verbleibenden Flächen mit naturschutzfachlichen FFH-Bewirtschaftungsauflagen. Das Ergebnis zeigt, dass unter diesem Szenario das potenzielle Rohholzaufkommen in Deutschland im Mittel für den Betrachtungszeitraum 2018 bis 2052 um insgesamt 23,96 Millionen Kubikmeter pro Jahr auf 52,77 Millionen Kubikmeter beziehungsweise auf 69 Prozent reduziert würde.

https://www.thuenen.de/media/publikationen/thuenen-workingpaper/ThuenenWorkingPaper_159a.pdf

Politik auf dem Holzweg

Jetzt wird es bürokratisch: 2015 hat die Staatengemeinschaft nach zähem Verhandeln das Pariser Klimaabkommen unterzeichnet. Vorrangiges Ziel ist es, die Erderwärmung auf deutlich unter zwei Grad Celsius zu beschränken. Mit dem Konzept *„EU Green Deal"* haben sich siebenundzwanzig EU-Mitgliedstaaten verpflichtet, bis 2050 klimaneutral zu werden.

Als erstes Etappenziel sollen die Treibhausgasemissionen bis 2030 um mindestens 55 Prozent gegenüber dem Stand von 1990 sinken. In ihrem Maßnahmenpaket „Fit for 55" bringt die Europäische Union zahlreiche Regularien auf den Weg, um dieses Ziel zu erreichen. Unter anderem werden die Vorschriften zur CO_2-Einsparung und Kohlenstoffspeicherung in den Sektoren Landnutzung, Landnutzungsänderungen und Forstwirtschaft überarbeitet. Bei der EU heißt das LULUCF, Land Use, Land Use Change and Forestry. Ziel ist, dass die Land- und Forstwirtschaft nur noch so viel CO_2 produziert, wie sie auch selbst als Kohlenstoff speichern kann.

Der Green Deal ist aber ein Zusammenspiel aus vielen weiteren Vorschriften. Für Wälder sind das beispielsweise Regelungen zum Erhalt der Biodiversität, zu einer neuen Waldstrategie oder Reglementierungen für die energetische Biomassenutzung sowie eine Taxonomie-Verordnung, einem System für nachhaltige Finanzierungsinstrumente.

Eine politische Forderung daraus wird heiß diskutiert: Jedes Land soll eine feste Größe *CO_2-Äquivalente* in seinen Wäldern speichern und gleichzeitig den Artenschutz besonders fördern. Dabei ist die vorgegebene Größenordnung der in unseren Wäldern zu speichernden Kohlenstoffmenge nach wissenschaftlichen Erkenntnissen gar nicht erreichbar. Von Seiten der EU werden, um ihre ambitionierten Vorgaben zu erreichen, pauschale Nutzungsverbote und Nutzungsbeschränkungen ausgesprochen. Im ersten Moment mag man denken, das sei vernünftig. Aber die Wälder, seit Jahrhunderten von Menschenhand bewirtschaftet, sind auch aufgrund des sich wandelnden Klimas in einem katastrophalen Zustand. Daraus die Schlussfolgerung zu ziehen, dass sich der Wald von selbst heilt, wenn keine Menschenhand mehr eingreift, im Sinn von: „Die Natur weiß schon was sie macht", ist naiv und kurzsichtig.

Zurück zum „Urwald" als Rettungsstrategie für unsere Wälder halten wir für keine gute Idee. Der Ansatz ist zum einen unhistorisch, weil ein momentaner Zustand wie unter einer Käseglocke konserviert werden soll, der die längste Zeit der Geschichte so nicht bestand. Zum anderen sollte man nicht versuchen, etwas zu konservieren, dessen Rahmenbedingungen sich zurzeit drastisch ändern. Man kann nicht heute mit einer Baumartenmischung, die vorgestern richtig gewesen wäre, die Probleme von übermorgen lösen. Das ergibt keinen Sinn und also auch keine Zukunft.

Wären die waldschädigenden Fehler nur menschengemacht, etwa nur durch die Pflanzung falscher Baumarten, könnte man mal die Finger vom Wald lassen. Das ist aber nur ein Teil des Problems. Ein anderer Teil ist der ebenfalls menschgemachte Klimawandel, der nicht mehr aufzuhalten ist und da reicht nach unserem Ermessen ein „Zurück zur Natur" nicht.

Was passiert, wenn wir den Wald sich selbst überlassen? Zum einen: Es gibt keine „echten" Ur- oder Naturwälder in Deutschland. Wir leben in einer sehr vielfältigen und ansprechenden Kulturlandschaft. Der Wald, der heute als schön und schützenswert empfunden wird, ist das Ergebnis generationenlanger kluger und verantwortungsvoller Bewirtschaftung. Die deutsche Forstwirtschaft gilt als Erfinder der Nachhaltigkeit und die Kompetenz der deutschen Forstleute wird weltweit bewundert. Es gibt wenig Länder, die mit ihrem Wald so umfassend verantwortungsvoll umgehen wie wir.

Dort, wo unsere Vorfahren Fehler gemacht haben, kann sich der Wald nicht selbst heilen: Fichten liefern Fichtensamen. Überlässt man eine

Kahlfläche, auf der die Fichte stand, sich selbst, können dort nur Fichten keimen. Die Baumart also, die uns heute aufgrund der Klimaerwärmung, schon große Probleme bereitet. Wir können uns nicht vorstellen, dass sich die Fichte in hundert Jahren bei einem weiteren Temperaturanstieg wohl fühlen wird. Uns erscheint erheblich wahrscheinlicher, dass im Wald unsere Enkel keine Fichten mehr stehen werden.

„Konservieren" wir den Wald in seinem aktuellen Zustand, kann ein dringend benötigter Wechsel der Baumarten nicht stattfinden. Im Gegenteil, todgeweihte Baumarten bleiben im Wald stehen, mit all den bekannten Risiken wie Sturm, Borkenkäfer, Trockenheit.

Wird ein Wald nicht mehr durchforstet, setzen sich die Baumarten durch, die in der Jugend die Nase vorn haben, bei uns wahrscheinlich Fichten und Buchen. Beide Arten wachsen schneller als beispielsweise die Eiche. Nehmen wir der Eiche die pflegende Hand und überlassen sie sich selbst, sinken ihre Überlebenschancen erheblich. Bei der Buche verzeichnen wir inzwischen auch klimabedingte Schäden, wir zählen sie nicht mehr zu den Zukunftsbäumen. Eine ungehinderte Vermehrung der Buche zuzulassen, hat für uns daher keinen Sinn. Das heißt, ohne menschliche Beihilfe kann eine Artenvielfalt, die wesentlich zu einem zukunftsfähigen Wald beiträgt, auf der Basis unserer heutigen Wälder nicht erreicht werden.

Auch wenn man es nicht glaubt, wir haben sehr vorratsreiche Wälder. Es stehen oftmals viel zu viele Bäume auf einer Fläche. Das ist ein großes Risiko, denn nur als Gesamtheit können diese Wälder Gefahren standhalten. Fallen aber ein oder mehrere Bäume aufgrund von Sturm oder Insekten um, ist der Wald als Ganzes nicht mehr stabil und fällt wie ein Kartenhaus immer mehr zusammen. Es ist gerade im Klimawandel wichtig, dass diese überhöhten, risikoreichen Vorräte reduziert werden und jeder einzelne Baum für sich stabil ist. Nur dann kann langfristig auch der gesamte Wald gesund und standhaft bleiben. Damit wird aber auch der Anteil des zu bindenden Kohlenstoffs begrenzt werden. Eine vorgegebene maximale Kohlenstoffbindung widerspricht einem stabilen und klimaangepassten Wald.

Und zu guter Letzt: Die politische Forderung hinter der Idee einer flächenmäßigen Stilllegung ist, neben dem Schutz von Arten, die allerdings gerade aufgrund der jahrhundertelangen Waldbewirtschaftung dort vorkommen, zukünftig eine feste Größe CO_2-Äquivalente im Wald zu speichern. Bäume können aufgrund ihres Wachstumszyklus nur bis zu einem gewissen Grad Kohlenstoff speichern. Irgendwann ist, wie bei uns Menschen, die Sättigung erreicht. Ein Wald, der aufgrund seines Alters die Zerfallsphase erreicht hat, kann kein weiteres CO_2 aufnehmen, im Gegenteil, es wird freigesetzt. Hinzu kommt, dass natürliche Zersetzungsprozesse zunehmen werden. Man spricht dabei von einer „kalten Verbrennung". Ob kalt oder heiß, bei einer Holzverbrennung wird der gespeicherte Kohlenstoff gelöst und entweicht als CO_2 in die Atmosphäre. Die erwünschte Speicherung ist somit irgendwann hinfällig.

Wir lassen auch Holz im Wald liegen, um den Humusaufbau zu fördern, oder Arten, die das tote, sich zersetzende Holz benötigen. Das ist gut für das Bodenleben und fördert die Biodiversität. Zur Senkung des CO_2-Gehalts der Luft trägt es aber nicht bei.

Wenn wir Bäume ernten, schaffen wir Platz für neue Bäume, die wiederum Kohlenstoff aus dem CO_2 der Luft speichern können. Wenn wir Wertholz produzieren, das verarbeitet, lange im Kreislauf bleibt und nicht verbrannt wird, bleibt der Kohlenstoff gespeichert. Wir sind auf dieses Phänomen bereits eingegangen.[27] Ein gewünschter Anstieg der Kohlenstoff-Speicherung ist deshalb erheblich aussichtsreicher, wenn der Wald weiterhin bewirtschaftet wird, die Baumarten und Altersklassen bunt gemischt sind und das Holz zur Herstellung von Produkten aus dem Wald geholt wird.

„So schadet LULUCF gleich vielfach: Der Waldumbau in klimastabile Zukunftswälder wird behindert, die langfristige Bindung von Kohlenstoff in Holzprodukten wird verhindert, noch gesunde Bäume werden unnötigen Gefahren ausgesetzt und zuletzt wird dann in dem zwangsläufigen Absterbeprozess auch noch CO_2 freigesetzt", fasst der Waldbesitzerverband in einer Veröffentlichung vom Februar 2022 eindringlich zusammen.

Mit welchen wirtschaftlichen Folgen müssen wir rechnen, wenn die EU auf dreißig Prozent ihrer Fläche Schutzgebiete mit einem strengen Schutz für Wälder auswiese, zehn Prozent ihrer Wälder stillläge und ein Nutzungsverzicht in „Old Growth Forests" also alten Wäldern ausspräche? Dann würde genauso viel Bauholz, genauso viel Schreiner- und Furnierholz, genauso viel Toilettenpapier produziert werden wie bisher. Nur nicht bei uns direkt vor der Haustür. Dass weniger Holz in Deutschland gebraucht wird, ist eher unwahrscheinlich. Die Rohstoffnachfrage müsste dann vermehrt aus anderen Ländern als bisher substituiert werden, beispielsweise aus Bulgarien, Rumänien, Skandinavien, Sibirien oder Südamerika, wo weniger auf ökologische Standards Wert gelegt wird. Unter großem Transportaufwand bekämen wir Holz, das unter niedrigeren ökologischen oder sozialen Standards erzeugt wurde als bei uns, denn unser potenzielles Rohholzaufkommen würde laut *„Thünen Working Paper"*[28] auf 69 Prozent reduziert sein. Die Gefahr, dass noch bestehende Ur- und Naturwälder zerstört werden, ist erheblich.

Die deutsche Forstwirtschaft hat beileibe nicht alles richtig gemacht, wird aber weltweit als Vorbild in Fragen der Nachhaltigkeit angesehen. Wenn wir in Deutschland aus ideologischen Gründen weniger Holz nach unseren hohen nachhaltigen Standards erzeugen dürfen, werden wir unser Defizit mit Rohholz aus Ländern ausgleichen müssen, in denen die Menschen mit der Ressource erheblich rücksichtsloser umgehen und die in ihrem Handeln eher nicht an zukünftige Generationen denken.

In unserem Forstbetrieb bemühen wir uns, die wirtschaftlichen wie auch die ökologischen Bedürfnisse auf derselben Fläche zu vereinen. Warum eine Unterscheidung zwischen dem „guten" Nationalpark und dem „bösen" Wirtschaftswald angestrebt wird, leuchtet uns nicht ein. Diese Trennung ist nicht sinnvoll. Im Gegenteil: Zukünftige Generationen brauchen einen gesunden, stabilen, ertragreichen und artenreichen Wald. Dass es möglich ist, beide Ziele auf einer Fläche zu erreichen, haben wir bewiesen. Wir laden jeden ein, sich bei uns im Wald davon zu überzeugen.

Man sollte nicht einen Zustand konservieren, der heute nicht mehr überlebensfähig ist.
Nach unserem Ermessen reicht ein „Zurück zur Natur" nicht.

Ökologie und Ökonomie

Kommen wir darauf zurück, warum wir dieses Buch geschrieben haben. Aufgrund der aktuellen Waldbilder hinterfragen immer mehr Menschen ein System, das jahrzehntelang ohne großes öffentliches Interesse für sich gewirtschaftet hat. Noch nie war der Wald in der Öffentlichkeit so präsent wie zurzeit. Zum Thema Wald beziehungsweise seiner Rettung gibt es inzwischen zahllose Artikel, Beiträge, Bücher und Dokumentationen. Viele Menschen glauben zu wissen, was zu tun ist, obwohl ihre Kenntnisse oft nur auf einer einseitigen Berichterstattung basieren.

Die Ökologie des Waldes drängt sich beständig in den Vordergrund. Weit verbreitet ist der Glaube, man müsse den Wald nur in Ruhe lassen, dann werde er sich schon von selbst regulieren. Das führt zur irrtümlichen Annahme, dass ein ökonomisch bewirtschafteter Wald zwangsläufig eine ökologische Vernachlässigung mit sich bringt. Das stimmt so aber nicht. Für uns sind Ökologie und Ökonomie kein Widerspruch. Eine gute Biodiversität ist die Basis unseres Handelns.

Die Wechselwirkungen zwischen den Lebewesen und ihrer Umwelt sind bei unserer Waldbewirtschaftung immer zu beachten, auch wenn wir dabei zunächst keinen kurzfristigen ökonomischen Gewinn generieren. Wir wollen einen gesunden, artenreichen Wald. Er ist das Kapital, mit dem wir langfristig Geld verdienen, und es wäre fahrlässig, dafür die regulierenden Wechselwirkungen von Pflanzen, Tieren oder Pilzen aufs Spiel zu setzten.

Unser ökologisches Handeln wird von drei Denkweisen geleitet: Erstens: Wir wollen Lebensraum bewahren und neuen schaffen. Mit Totholz oder Biotopbäumen belassen wir im Wald Strukturen als Lebensgrundlage und Lebensraum für eine breite Artenvielfalt. Regenwürmer, Tausendfüßler, Ameisen, Spinnen, Bakterien, Pilze, Algen und so weiter sind für ein funktionierendes Ökosystem unerlässlich. Holt man jeden Ast, jeden

Die Kiefer

Die Kiefer (Pinus sylvestris) ist ein Baum, der ursprünglich aus dem Gebirge stammt. Sie verträgt Trockenheit und ärmere Standorte, hat allerdings mit heißen Sommern zunehmend Probleme. Als zweithäufigste Nadelholzart in Mitteleuropa wurde ihr Holz besonders für die rustikale und preisgünstige Inneneinrichtung verwendet. Die Kiefer wird zunehmend von Krankheiten geplagt, und von Parasiten wie der Mistel. Die Verbreitung des immergrünen Halbschmarotzers wird begünstigt durch die Misteldrossel, ursprünglich ein Zugvogel, der jetzt bei uns überwintert und dadurch noch mehr Zeit hat Mistelsamen zu verbreiten.

toten Baum aus dem Wald, zerstört man damit Lebensraum. Ein konkretes Beispiel dafür: Der Specht, als „Immobilienmogul“, hämmert viele Löcher in einen Stamm, um dem Weibchen die Wahl für die Bruthöhle zu überlassen. Fledermäuse, Vögel, Eichhörnchen oder Siebenschläfer nisten sich schnell in die frei gewordenen „Apartments“ ein. Der Spechtbaum, von dem schon die Rede war, ist überdies Lebensraum für eine Unmenge an Käfern, Pilzen oder Insekten, deren Namen wir noch nicht einmal alle kennen. Der Specht gilt daher als ein guter Indikator für die Lebensraumqualität unserer Wälder.

Zweitens: Wir wollen mit Totholz die Bodenernährung fördern. Je dicker das Totholz ist, desto wertvoller ist es für die Artenvielfalt. Alle möglichen Tierchen und Pilze, fangen sofort an, das Holz in seine Bestandteile zu zerlegen, die wiederum als natürlicher Dünger die lebenden Pflanzen in der Nachbarschaft ernähren. Eine kurzfristige Nährstoffversorgung ist für uns besonders wertvoll, dafür lassen wir gerne Holz im Wald vermodern. Für die Kohlenstoffspeicherung bringt das wenig, wie schon erwähnt. Ein Buchenast mit fünf Zentimetern Durchmesser ist nach drei bis vier Jahren komplett verrottet. Der während des Wachstums im Holz gebundene Kohlenstoff entweicht dabei in die Atmosphäre.

Drittens: Wir wollen die Wasserspeicherung verbessern. Pilze bauen Zellulose ab, dadurch wird das Holz schwammig und kann mehr Wasser speichern. Wenn Totholz nass wird, nimmt es die Feuchtigkeit wie ein Schwamm auf. Es liefert auch einen ausgleichenden Schatteneffekt, die nähere Umgebung trocknet nicht so schnell aus.

Wir erbringen unsere ökologischen Leistungen schon jahrzehntelang. Erst seit 2014 gleicht das bayerische Vertragsnaturschutzprogramm für „ökologisch wertvolle Lebensräume, wie Totholz und Biotopbäume“, „den zusätzlichen Aufwand und den entgangenen Ertrag“ mit einem entsprechenden Entgelt aus. Wir gehen weit über dieses Programm hinaus und lassen auch Bäume stehen, die nicht gesetzlich geschützt werden, die wir aber als Strukturbäume für ökologisch sinnvoll halten. Belassen wir zum

Beispiel freiwillig einen sterbenden Baum, der noch eine grüne Krone hat, überspannt diese eine gewisse Waldbodenfläche und schützt damit die Verjüngung.

Artenreichtum und Biodiversität rücken immer mehr in den Vordergrund. Politische und gesellschaftliche Forderungen, die an uns gestellt werden, führen zu Einkommensverlusten. Wir verzichten auf Einnahmen, um der Gesellschaft Gutes zu tun. Fairer wäre es, wenn die Last von allen mitgetragen würde.

Dafür gibt es die Idee von Baumpatenschaften. Für eine einmalige Zahlung können Privatpersonen oder Firmen sich für Artenvielfalt engagieren, indem sie die Patenschaft für eine ökologisch wichtige Baumgruppe übernehmen. Sie können dabei in natura die Gruppe aussuchen, berühren und über die Jahre begleiten. Wir Waldbesitzer könnten uns zum Beispiel im Gegenzug dazu verpflichten, die Baumgruppe für zehn weitere Jahre stehen zu lassen, oder einen einzelnen Baum daraus aus Umweltgründen liegen zu lassen, wenn er irgendwann von alleine umfällt.

Für uns sind Ökologie und Ökonomie kein Widerspruch.

Den Nutzen des Bibers für die Wasserspeicherung und -Regulierung schätzen wir bei uns höher ein als den Schaden, den er beim Bau anrichtet.

„Kalte Verbrennung“ (unten): Bei der Zersetzung des Holzes wird der Kohlenstoff in kurzer Zeit wieder in die Atmosphäre abgegeben.

Birken haben bei uns meistens keinen ökonomischen Wert.
Wegen ihrer Schönheit lassen wir sie gerne stehen.

SCHLUSS-WORT

Warum dieses Buch?

Die Idee zu diesem Buch ist über mehrere Jahre gereift. Aus sehr vielen Gesprächen wissen wir, dass immer mehr Menschen sich für den Wald interessieren, sich daran freuen und/oder sich Sorgen machen, oft ohne die Zusammenhänge von Saat und Ernte, von Schützen und Nutzen, von Ökonomie und Ökologie zu verstehen. Da aber gleichzeitig eine intensive öffentliche Diskussion über die Zukunft des Waldes geführt wird, wollen wir unseren Beitrag leisten und unsere Sicht der Dinge erläutern.

Wir erwarten nicht, dass jeder spontan unsere Gedanken teilt. Wir können aber im Wald beweisen, was wir schreiben. Der Zustand unseres Waldes, der nicht mehr so stark von Käfern, Sturm und Trockenheit gebeutelt wird wie andere Wälder, bestätigt, dass unsere Väter den richtigen Weg eingeschlagen haben und, dass es richtig ist, diese Richtung beizubehalten. Selbstverständlich indem wir ständig dazu lernen, auch aus Irrtümern und Fehlern.

Wir wollen den wirtschaftlichen und den ökologischen Wert des uns anvertrauten Waldes steigern, für kommende Generationen unserer Familie und allgemein für kommende Generationen, für deren Überleben Sauerstoff, ein erträgliches Klima und Holz als Rohstoff unverzichtbar sind. Zu alldem trägt ein stabiler, artenreicher Wald bei und außerdem wird er auch in Zukunft ein wichtiger Erholungsraum sein, der Menschen, die ihn besuchen, gut tut.

Damit der Wald sich immer wieder verjüngen kann, ist regelmäßige Holzernte wichtig. Dabei wird ein wertvoller Rohstoff gewonnen, Kohlenstoff bleibt dauerhaft gebunden und es entstehen Platz und Licht für junge Bäume. Ist das nicht faszinierend und schön?

Warum es dabei gut ist, moderne Technik zu verwenden, warum große, laute Maschinen für den Wald schonender sind als altmodische Verfahren, haben wir in diesem Buch erklärt.

Wir haben über die Jagd gesprochen. Intensive, konsequente Jagd, die sich am Zustand des Waldes orientiert und nicht an bürokratischen Vorgaben, ist vielleicht die wichtigste Voraussetzung, um einen artenreichen, ökonomisch und ökologisch wertvollen Wald zu ermöglichen. Dieser artenreiche, vielschichtige Wald wird gleichzeitig zu einem für Waldtiere attraktiveren Lebensraum, der mehr Schutz und besseres Futter bietet. Auch wenn es paradox klingt: Erfolgreiche Jagd ergibt vitale Rehe.

Wir sind überzeugt davon, dass Wald klug und zielgerichtet bewirtschaftet werden muss, um der Klimakrise zu widerstehen und gleichzeitig Teil der Lösung zu sein, indem er Kohlenstoff in Bäumen und Holzprodukten speichert.

Den Wald sich selbst zu überlassen, wäre unverantwortlich. Fichtenbäume liefern nur Fichtensamen. Wenn wir Baumarten wollen, die in Zukunft überlebensfähig sind, müssen wir sie säen oder pflanzen und ihnen dann das Überleben sichern. Ein „Zurück zur Natur“ kann nicht funktionieren, weil das Weltklima auch nicht „Zurück ins 19. Jahrhundert“ gehen wird. Der Wald kann sich nicht selbst heilen, weil die Klimakrise viel schneller fortschreitet, als Baumarten über Samenverbreitung wandern könnten. Um den Wald zu retten, den die Menschheit dringend braucht, ist verantwortungsvolles, zukunftsgerichtetes Handeln erforderlich.

Die gute Nachricht zum Schluss: Die Probleme des Waldes sind lösbar. Es gibt in Deutschland gut ausgebildete, motivierte Förster. Das notwendige Saatgut ist gentechnikfrei vorhanden, oft sogar schon verborgen vor Ort. Bäume wollen sich vermehren, der Wald will sich verjüngen, wir müssen „nur“ die Weichen rechtzeitig stellen. Dann werden auch künftige Generationen ihre Freude am Wald haben, als Rohstoffquelle und Erholungsort, als ökologisches Schatzkästchen und Kohlenstoffspeicher, als Sauerstoffquelle und Ort zum Träumen.

Anmerkungen

1 Carlowitz, Hans Carl von: Sylvicultura oeconomica oder haußwirthliche Nachricht und Naturmäßige Anweisung zur wilden Baum-Zucht; Leipzig 1713, S. 76

2 ebd., S. 87

3 ebd., S. 105

4 In der Studie „Die Grenzen des Wachstums. Bericht des Club of Rome zur Lage der Menschheit" wird bereits 1972 vor der Klimawirkung der menschgemachten Treibhausgase gewarnt.

5 Die First World Climate Conference WCC-1 wurde von der Weltorganisation für Meteorologie WMO unter dem Dach der Vereinten Nationen vom 12. bis 23. Februar 1979 in Genf abgehalten.

6 siehe auch: https://www.wochenblatt-dlv.de/feld-stall/wald/wertholz-qualitaet-zahlt-563069

7 Hegreiser sind Bäume, die bei einem Kahlschlag stehen bleiben, um der Naturverjüngung zu dienen.

8 Quelle der Zitate und historischen Beschreibungen: Jesko Graf zu Dohna: Der Wald des Hauses Castell vom 16. bis 21. Jahrhundert; in: Hamberger, Joachim (Hg.): Beiträge zur Forstgeschichte. Festschrift zum 25-jährigen Bestehen des Arbeitskreises Forstgeschichte. In: Forstliche Forschungsberichte München Nr. 216, Schriftenreihe des Zentrums Wald Forst Holz Weihenstephan, Freising 2017

9 Nach der mit der Waldfläche ein möglichst hoher Ertrag an Holz erwirtschaftet werden sollte.

10 siehe: https://www.bund-naturschutz.de/wald/naturnahe-waldwirtschaft/medaillen/karl-gayer-medaille

11 siehe: Jagen für Wald und Wild, S. 95

12 https://www.hswt.de/hochschule/fakultaeten/wf.html

13 siehe auch: https://www.forstwirtschaft-in-deutschland.de/waelder-entdecken/historische-entwicklung/exkurs-kulturfrauen

14 Der Großvater von Otto Fürst zu Castell-Rüdenhausen.

15 Edel-Hölzer Brunner – staatlich anerkannte Forstbaumschule: https://forstbaumschule-brunner.de

16 siehe auch: Revier Oberschönau, S. 133

17 Ulrich Wotschikowsky: Wölfe, Jagd und Wald in der Oberlausitz. Vauna 2006; jüngere Zusammenfassung der Studien des Autors in der Zeitschrift Pirsch, Mai 2010: https://www.jagderleben.de/praxis/woelfe-schalenwild

18 Schmaltiere sind in der Jägersprache die Weibchen der Hirscharten im ersten Jahr nach dem Geburtsjahr.

19 Ansteller sind revierkundige Jäger, die den Jagdleiter unterstützen.

20 Die Arbeitsgemeinschaft der Münchner Jägervereine.

21 Johann Killer (WBV), zitiert nach der Süddeutschen Zeitung vom 25. April 2019

22 Als Fallwild bezeichnen die Jäger Tiere, die ohne ihre Einwirkung sterben.

23 Lidar steht für Light imaging, detection and ranging und ist eine Art des dreidimensionalen Scannens mit Hilfe von Lasern.

24 RCP4.5 Szenario – siehe Fachbegriff RCP

25 RCP8.5 Szenario – siehe Fachbegriff RCP

26 siehe dazu: https://worldoceanreview.com/de/wor-5/bedrohung-durch-klimawandel-und-naturgefahren/der-klimawandel-und-die-kuesten/die-szenarien-des-weltklimarats

27 siehe: Kohlenstoffspeicher Baum, S. 166

28 Thünen Working Paper 159a: siehe Fachbegriff Thünen-Working-Paper

Abbildungsnachweis:
Christoph Arndt: S. 95 unten, 103 unten; Carl Erbgraf zu Castell-Castell: S. 13, 80–81, 96, 102, 104–105, 108, 113, 126, 160–161, 165, 171, 197; Otto Fürst zu Castell-Rüdenhausen: S. 142–143 unten; Faber-Castell AG: S. 37 oben, Produkte; Anja Hartmann: Zeichnung S. 164; Hardy Müller: S. 57, 170; Uwe Reißenweber: S. 26–27, 128, 145 oben; Privat: S. 25 Mitte, 50, 168 links, Adobe-Stock: S. 48, 86–87, 124–125;

Dank

Unser herzlicher Dank gilt Pia Vogel, die aus zahllosen Interviews und Waldspaziergängen unsere Gedanken lesbar gemacht hat. Auch die allermeisten Bilder verdanken wir ihr, teilweise über Jahre mit der Kamera gesammelt.

Mit Uwe Reissenweber, dem jahrelangen Leiter unserer Forstabteilung und heutigen Revierleiter von Oberschönau, stehen wir in regelmäßigem Austausch über den Wald, die Bäume, die Menschen und die Jagd. Wir sind dankbar, dass er sein Wissen gerne teilt.